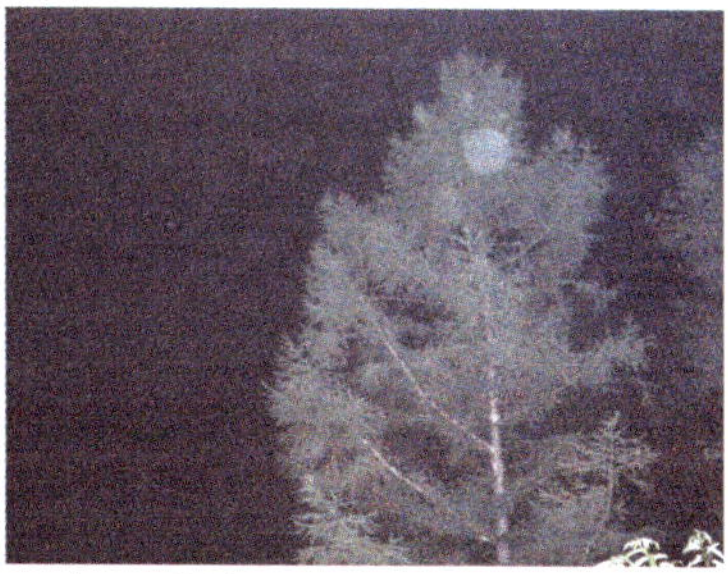

写真１　樹木の手前上方に出現した透明なクリスタル（34 ページ参照）

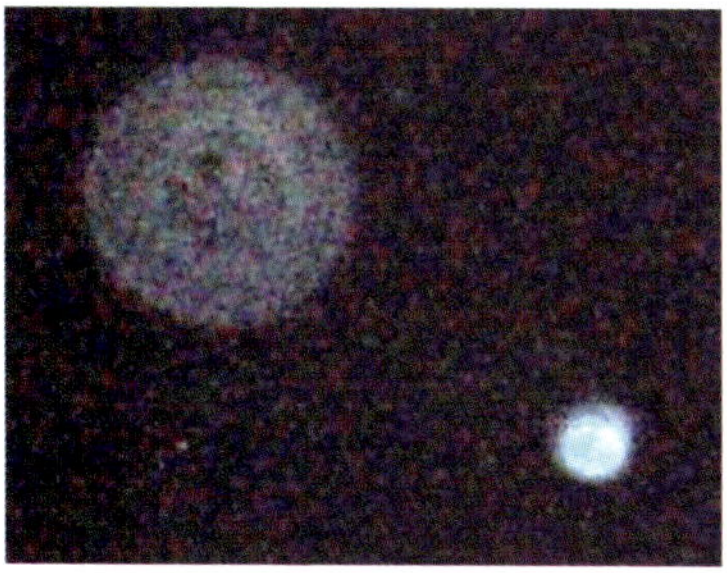

写真２　半透明クリスタル（左上）とこの時空に出現した UFO（右下）

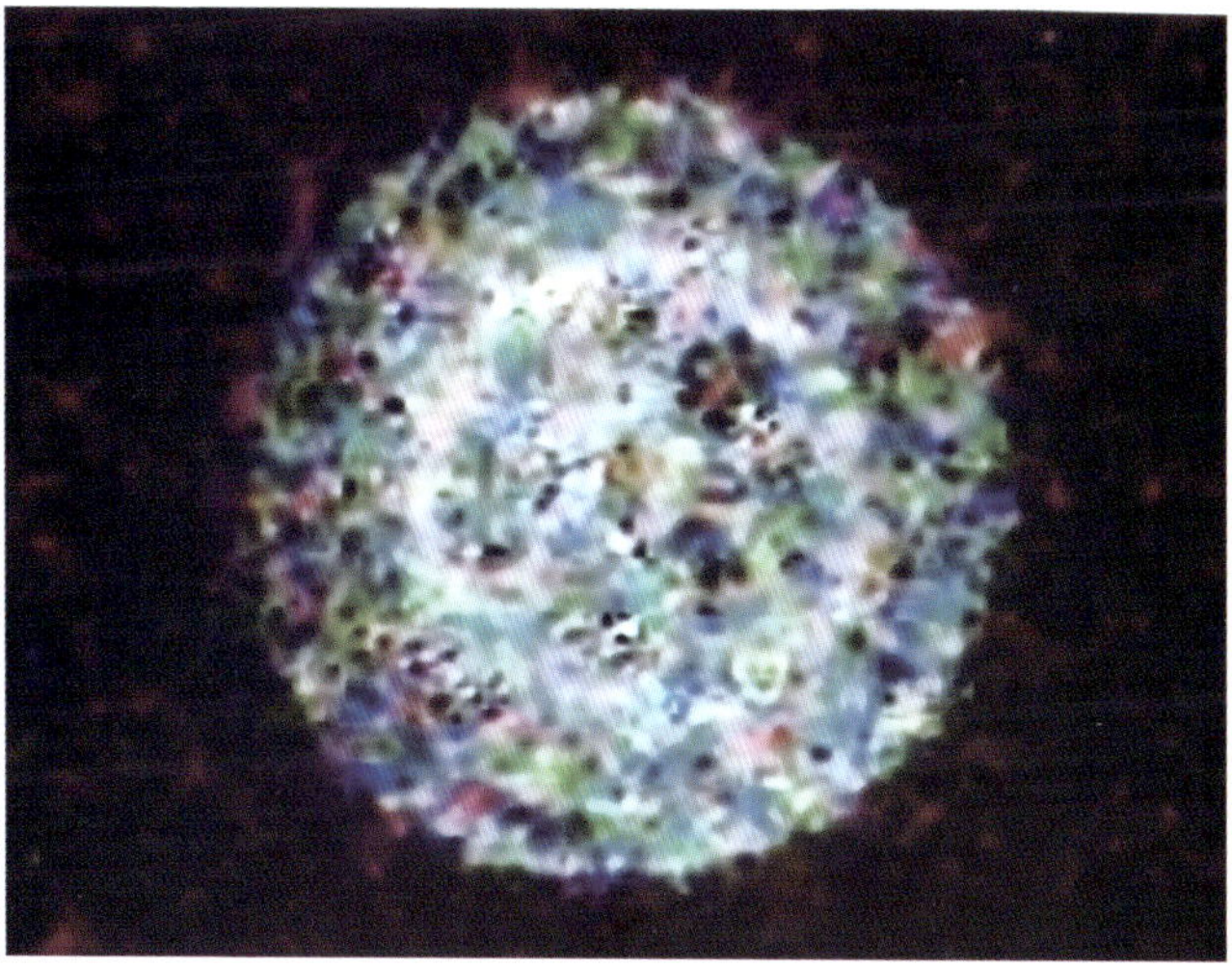

写真３　曼荼羅のような模様が見えるクリスタル UFO。写真１〜２と同様に 2012 年 7 月 29 日夜〜 30 日未明に撮影された。

写真４　この時空に出現した瞬間のUFOの赤色のエッジ［ふち］（2012 年 9 月 23 日未明に撮影）

写真５　シンクロニシティとして現れた虹（2011 年 11 月 21 日撮影）

写真６　巨人系宇宙人ゲルの一部（赤く写り込んだ物体のこと。肩の部分と見られる。右のイラスト参照）とクリスタル状 UFO の一部（左下）。右に掲載したイラストは秋山眞人氏が描いたゲルとクリスタル状 UFO のスケッチ。ゲルは「遮光器土偶」のような姿をしている（写真６～８はいずれも 2013 年 10 月 20 日未明撮影）。

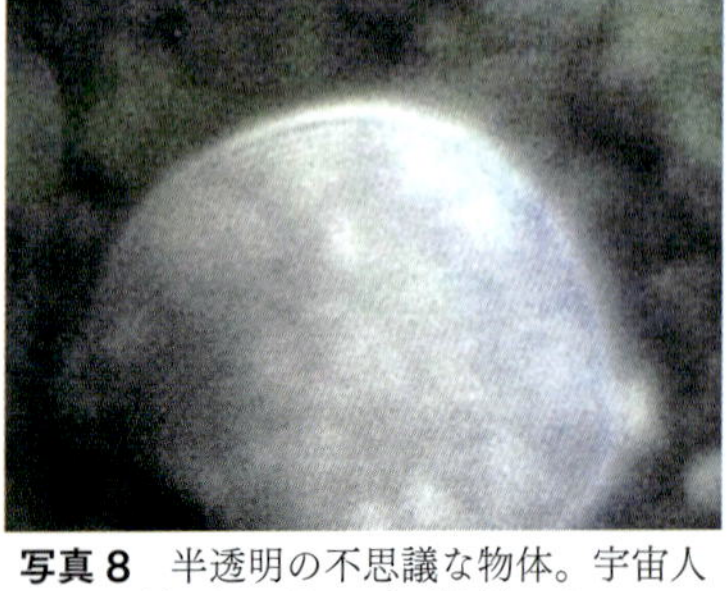

写真８　半透明の不思議な物体。宇宙人ペルの頭が写り込んだ可能性がある。

写真７　この時空に出現したゲルの頭の一部と見られる写真。写真６の直前に撮影された。

Lシフト

スペース・ピープルの全真相

L-SHIFT
THE TRUTH ABOUT THE SPACE PEOPLE

秋山眞人　布施泰和
Akiyama Makoto　Fuse Yasukazu

ナチュラルスピリット

プロローグ　二重の虹のシンクロニシティ

虹の彼方《かなた》にそびえる「三つの塔」

二〇一七年八月八日の夕方。都心の空に鮮やかな二重の虹が架かった。帰宅を急ぐサラリーマンやＯＬ、主婦、学生ら多くの人々が空を見上げ、その美しさに歓声を上げた。携帯カメラやスマホを持つ人たちは、一八〇度の弧を描いた二重の虹を思い思いに撮影して、「空に架かるアーチ」を心に刻みつけた（写真９）。

おそらく足を止めて、一瞬でもその虹を見た人には、それぞれの思いが浮かんだことであろう。それは仕事の疲れを癒してくれる安らぎであったかもしれないし、自分が歩んでいる人生の方向が間違っていないことを確認する「空の印」であったかもしれない。虹には意味があるのである。

その意味は様々だ。たとえば『旧約聖書』の「創世記」では、大洪水を箱舟に乗って逃れ

写真９　2017年８月８日の夕方、都心に出現した二重の虹

たノアたちは、再び洪水で地球を滅ぼすことはないという〝神〟との「契約の印」として虹を見た。古代中国では、虹を天と地を結ぶ龍であると解釈した。「虹」という字に「蛇」などの生物を意味する虫偏が使われているのはそのためだ。虹は誰もが出合うことのできる「意味ある偶然」なのである。

私の場合は、ちょうど本の校正作業が終わった日に虹が出たり、重要な取材が終わった直後に虹が架かったりすることが多い。実は、この日もこの本の共著者である秋山眞人《まこと》氏と別れて五分も経たないうちに、この虹が現れたのである。

その日は、ある遠い世界で、考え方も文化もライフスタイルもまったく異なる三種類の人々が、三つの異なるデザインの塔を隣接して建てて「テペスアロー」という共通の学校を設立、そこで仲良く学んでいる物語を聞いたばかりであった。

そこには分裂も、選別も、分断も、差別もない。あるのは「いかに異なるものを受け入れるか」「どうやったら対極に対して寛容になれるか」、そして「異なるものからどのような創造が始まるか」だ。それが「三つの塔」の意味するところである。

翻《ひるがえ》ってこの世界を見渡すと、分裂と差別、分断と離脱、紛争と戦争に溢《あふ》れている。イギリスのEU離脱に伴う選別と差別、スペインのカタルーニャ地方やイギリスのスコットランド分離独立をめぐる怒号《どごう》と騒乱と嫌悪、強大国の大統領の発言や政策によって次々にもたらされる分断と混乱——自分勝手に善と悪に色分けして、異なるものに対する恐怖を募らせ戦争や紛争、破壊へと駆り立てる有様《ありさま》には、寛容や受容の精神は微塵《みじん》も感じられない。

どうしてこうも違うのか——。結局それらは、この世界を善悪に色分けしたがる価値観がもたらすものではないのか。勝敗を付けたがる心が、貧富や格差を生むのと同じだ。排除や分断の心は破壊を生み、調和と平安の心は創造を生む。壁を設けて分けているかぎり、必ず軋轢《あつれき》が生じる。

この世界は、ものごとの良い面を見ようと面白がるとうまく行き、逆に世の中が悪いのだと思い込むと、闘争の泥沼にはまり込み、抜け出られなくなるのだ。「黒」に振れすぎても、

「白」に振れすぎても、必ず大きな揺り戻しが起こる。それを避けるには、常にバランスを意識して、しかも心から楽しんで行動するしかほかに方法はないのだ。

まさにそれを学ぶ場所が、この世界の彼方にある「三つの塔」の学校、「テペスアロー」なのである。

それぞれの虹があるように、それぞれの宇宙がある。そして、それぞれの宇宙でそれぞれの虹を思い描く「異質なるもの」同士が一堂に集《つど》い、お互いを理解し認め合いながら仲良く学ぶ。私はその物語を聞いただけで、いたく感動してしまった。

宇宙人・UFO情報全面開示への道のり

秋山眞人氏がUFOコンタクティーであることを知っている方なら気づかれたかもしれないが、三つの塔のある学校「テペスアロー」とは、別の惑星にある宇宙人の学校であり、「まったく異なる三種類の人々」とは、進化の性質や〃位相〃がまったく異なる三タイプの宇宙人（スペース・ピープル）のことなのである。簡単に説明すると、地球人のようにネズミや猿など比較的小さな哺乳類から進化したヒューマノイドタイプのエル、熊や犬のように比較的大型な哺乳類から進化したゲル、そして恐竜などの爬虫類から進化したペルである。

秋山氏はコンタクティー（ＵＦＯやスペース・ピープルと交流している人）として別の惑星を訪れ、実際にスペース・ピープルの教育現場を見て学んだことがある人物なのだ。

秋山氏はそれを十代のときに体験したが、長らくそのことを公にしなかった。それはそうであろう。ＵＦＯの母船に乗って別の惑星に行ったことがあるなどと公言したら、「頭のおかしい人扱い」されるのがオチだ。それでも秋山氏は二十代になってから、仮名や匿名を条件にして、その驚異の体験談を公に語り始めた。一九八六年ごろのことであった。

当時、共同通信社の浦和支局の記者だった私は、「春川正一」という仮名で書かれた『私は別の惑星へ行ってきた！』という連載記事をＵＦＯ雑誌で読んで非常に驚いた。そこには、スペース・ピープルと直接出会い、ＵＦＯを自ら操縦して、別の惑星に何度も訪問したことがあると書かれていたからだ。この体験が本当なら大ニュースである。私は早速、「春川正一」が秋山氏であることを突き止め、取材のアポを取り付けた。

そのとき秋山氏本人から聞いた話は、想像を絶するような体験談であった。私は秋山氏に是非記事にしたい旨を告げたが、「大手メディアで公にされたら、社会的につぶされてしまう」という秋山氏の切実な訴えもあり、記事化を断念しなければならなかった。その後、私も本社の経済部勤務となり、多忙となったことから、別の惑星に行ってきたという秋山氏の記事は完全に幻となった。

ところが、一九九七年。秋山氏自身がスペース・ピープルからの要請もあり、実名で『私は宇宙人と出会った』（ごま書房）を世に出した。それは秋山氏の宇宙人との体験をダイジェスト版で紹介する本であった。そして幸いなことに、秋山氏が「宇宙人と出会った」と告白しても、社会的につぶされることはなかった。時代が変わってきたのだ。

そしてこのたび秋山氏は、当時も書けなかった「宇宙人とのコンタクトの全貌」を公開することに踏み切った。本書で明らかになるが、実は**スペース・ピープルは地球の〝未来〟から来ている。**そして我々に多くの示唆を与え、地球人の進むべき「未来の方向」「未来の姿」を指し示しているのである。

もちろん、「別の惑星に行った」などというような、〝とんでもない話〟はあるわけがないと疑う読者もいるだろう。だが秋山氏の体験を聞けば聞くほど、その疑念は薄らいでいく。というのも、実際に体験した人ではないとわからないことが次々に明かされるからだ。

その内容たるや、驚愕《きょうがく》するほど不思議で、仰天するほど面白い。本書のイラストや写真を見ただけでも、それは一目瞭然であろう。

本書では、秋山氏のＵＦＯ体験談を対談の軸にして、太陽系の別の惑星にある三つの塔でスペース・ピープルの〝子供たち〟が学んでいる教育の内容を明らかにしていく。どうしたらライフスタイルも哲学も文化もまったく異なるスペース・ピープルたちが、一緒に学んでいけるのか。なぜ日本人の秋山氏がスペース・ピープルたちとここまで濃密なコンタクトを成し遂げることができたのか。今後、地球のために日本や日本人がやるべきことは何なのか。既に始まった「真正アセンション」とも呼ぶべき「Ｌシフト」の深層に迫りながら、秋山氏とともに、そうした諸々《もろもろ》の疑問に答えていければと思っている。

布施泰和

Lシフト――スペース・ピープルの全真相　目次

第2章
本物のＵＦＯの秘密

第3章 スペース・ピープルが教えてくれた宇宙の法則

第4章 スペース・ピープルに教わった身体論の神秘

第5章
地球人のための「宇宙哲学サイエンス」

第8章
スペース・ピープルの学校「テペスアロー」と地球の未来

第1章

偽物UFOと本物UFOの見分け方

スペース・ピープルと地球人の間で交わされた「時空を超えた約束」

そもそもどのようにして、秋山眞人氏はスペース・ピープル（宇宙人）と交流するようになったのだろうか。一般的に知られているのは、中学生のときに言いようのない寂しさなどからUFOと交信しようと思った秋山氏が、毎晩空に向かって心の中でUFOに呼びかけると、ちょうど一カ月経ったときにUFOが本当に現れたという話だ。秋山氏はそれ以来、不思議な現象が周囲で起きるようになり、やがてスペース・ピープルとテレパシー交信をするようになった。そして最終的にはUFOに搭乗して、太陽系の惑星や太陽系外の惑星を訪問したというのだ。

しかし、秋山氏がそのような濃密なUFOコンタクティーとなった背景には、〝魂の約束〟があったのだと秋山氏は言う。彼は一度だけ、コンタクトしたスペース・ピープルの母星であるカシオペア座の方角にある太陽系外の惑星を訪問したことがある。その際、**「魂の系図」**のようなものを見せられ、彼がはるか昔にその惑星の住人であったことがあり、ある約束をしたのだとスペース・ピープルに告げられた。それは「生死を超越した何万年もの長きにわたる約束」で、その約束を果たすためにスペース・ピープルは秋山氏の前に現れ、コンタクトが始まったというのだ。

　そのあたりのいきさつについて、もう少し詳しく聞いてみよう。

超古代文明崩壊後の地球人再教育プログラム

布施　まず教えてほしいのですが、秋山さんがコンタクトしたスペース・ピープルとはどのような人たちなのですか。
秋山　簡単に言うと、母星から宇宙に〝生まれ出た〟人たちです。生まれ出るというのは、単に宇宙に出ていくのとは違います。宇宙に〝生まれ出る〟というのは、プラスの信念を持続するなり心の枠を広げるなどして、自分たちの惑星上の問題を自分たちの手で根本的に解決できる心の状態にしてから宇宙に出ていくことです。当然、地球人もスペース・ピープルになれるわけです。
　でも今は、地球上の問題が根本的に解決できていないので、宇宙に生まれ出ることができずにいます。ですから、私がコンタクトしたスペース・ピープルは、地球を見守りながら、それを促している人たちでもあるわけです。

布施　ＵＦＯの母船に乗って訪問したという惑星は太陽系外の惑星であったそうですが、秋山さんが前世においてその惑星で暮らしたことがあったとも話していますね。確か、アトランティス（大西洋にあったが、大地震と洪水のため一日一夜にして海底に没したとされる大陸とその文明）が崩壊した後に。つまり、アトランティスで亡くなった後にその惑星に転生したということですか。

秋山　転生で行ったのではない可能性があります。私がアトランティスといわれている古代地球文明圏を破壊させた大災害に遭遇したとき、巨大な壁のような津波が私たちに向かって押し寄せてくるのを見ました。この壁のような津波の記憶を持っている人は驚くほど多いのですが、エンタシスの柱（視覚的な安定感を与えるため、ゆるやかなふくらみを施した柱）が自分に向かって倒れてくるのも見ました。「ああ、これで死ぬのだな」と思ったのは覚えています。でも、その後の映像がありません。

次に覚えているのは、ＵＦＯにテレポーテーション（瞬間移動）で連れてこられて、そのまま太陽系外の別の惑星に行ったことです。おそらくアトランティスとムー（約一万二千年前に太平洋にあったとされる失われた大陸とその文明。超時空間災害によって、ほとんどの痕跡が失われている）を沈没させることになった大惨事の際、五〇万～六〇万人くらい、もしかしたらその一

○○倍くらいの地球人がＵＦＯに救出されたのではないかと思っています。

なぜそのようなことをスペース・ピープルが行ったのかというと、地球を再建するには地球人を再教育する必要があると彼らが思ったからだと思います。というのも、このままでは地球人は、何度文明を築いても、恐怖や闘争や破壊の想念に支配され、何度も文明を滅亡させてしまう可能性があったからです。

そこでスペース・ピープルたちは、それぞれの惑星に地球人を連れていって、彼らにどうやったら破壊の習慣性、あるいは恐怖や闘争の想念を乗り越えることができるかということを教育したのではないでしょうか。破壊ではなく、創造の想念へと導く訓練や教育を施したのだと思います。

そしてスペース・ピープルたちは、アトランティス文明崩壊の熱《ほとぼり》が冷めたころ、救出した地球人たちを再び地球に戻すという計画に着手しました。何もしないで、何度も同じ過ちを犯させるよりも、わずか五〇万〜六〇万人であっても再教育した彼らがいつか地球人を正しい方向に導くだろうという可能性に賭けたのです。

それがシュメール文明であったり、エジプト文明であったりしたわけです。その際、世界各地に残っているピラミッドは、地球と別の宇宙とを結ぶ出入り口の目印として利用された形跡があります。

私も、人類の潜在意識の奥底に刻まれた恐れや破壊の想念を克服する〝約束〟のために地球に戻された一人です。そのときの教官は今もその惑星にいます。というのも、地球の宇宙と彼らの宇宙では時間軸が違うからです。

おそらく『旧約聖書』の「ノアの箱舟伝説」や、『オアスペ』（十九世紀に米国の歯科医が天使の啓示を自動書記して著した書物）に書かれたパン大陸の沈没と五船団の救助船の話は、UFOにより地球人の救出・再教育作戦が実行されたことを指しているのだと思います。中国道教の思想の中に五岳（五つの山）から神の力が現れたという「五岳真形図」というシンボルがあります。このシンボルはこの五船団と関係があります。

そして再び地球人は、今この時代において創造性の力量を試されているのではないでしょうか。

布施　アトランティス崩壊の際、五〇万人以上の地球人が救出され、再教育されたという話は初めて聞きました。そのうちの一人が秋山さんだった。すると、他にも秋山さんのような人がたくさんいるわけですか。

秋山　ええ、たくさんいます。私は決して特別ではありません。私はこれまでUFOに二〇〇回以上乗っていますが、同じ宇宙船に何度かほかの日本人と乗り合わせたこともあります。UFO遭遇体験者や乗船者が多いのは事実です。

おそらく日本にも、前世でアトランティスの崩壊を経験した人が大勢、転生してきていま す。ということは、全国的に、あるいは世界的に考えれば、円盤に乗ったことのある人は相当な人数に上るはずです。ただ、ほとんどの人はそのことを口外しません。実際、この種の体験を口にするのは大変なことなのです。

私も否定派からの心ない批判や狂信的なＵＦＯファンからのバッシングに言葉を失いかけたことも何度もあります。その邪悪さは計画的で巧妙ですが、後押ししてくれる実力者や善良な人々に何度も守られました。

ＵＦＯ否定論の大きな誤解

秋山氏自身、自分の体験を公に話し始めたのは、最初のコンタクトがあってから十二年後の一九八六年であった。さらにそのことを詳細に本に書いたのは、一九九七年のことだ。

なぜＵＦＯ体験談を公に話さないのか。それは、序章でも触れたが、どれほど真実だと主張しても、「頭のおかしい人扱い」されるのがせいぜいだからである。

それでも中には、秋山氏のように自分が体験したことを、勇気をもって赤裸々に語る人もいる。それは、秋山氏が語ったようにスペース・ピープル（宇宙人）との間に時空を超えた〝約束〟があることに気がついたからではないだろうか。

確かにUFO問題には誤解が多い。流星や風船、電飾カイトのような物体をUFOと見間違える場合もあるだろう。「幽霊の正体見たり枯れ尾花」ではないが、UFOが飛んでいると思い込んでいるから星もUFOに見えてしまうのだ、と否定する向きもあろう。

しかしながら、UFOを信じられないという人たちの根拠を聞くと、「何千光年の彼方から地球にやってくるのは物理的に不可能だ」とか「レーダーにも映っておらず物的証拠がない」といった説明がほとんどだ。実は、そのように思い込むこと自体が、その人のUFOに関する知識や経験のなさの反映である場合もあるのだ。

残念なことに、UFOの否定論者は本物のUFOをまったく見たことのない人たちである。本当のUFO問題に関する知識を持ち合わせていない。詳細は後述するが、実はそう言う私自身も、六年前に秋山氏とUFOが出現する様子を観察する前は、否定論者と似たり寄ったりの知識であった。

UFOに関する知識のなさによる誤解が生んだ一例を紹介しよう。一九八六年十一月十七日に日本航空ジャンボジェット機の機長がアラスカ上空で巨大なUFOを目撃、そのUFOに三十分以上にわたって追尾されたときも、多くのメディアは「地上のレーダーに映っていないのだから、日航機長は気象現象を見間違えたのだ」「日航機長は木星と火星をＵＦＯであると錯覚したのだ」などと結論づけてしまった。メディアもＵＦＯに対する大衆の理解度を反映するので、どうしても〝常識〟の範囲内に収めようとの思惑が働いてしまったのだ。

だがその日航機長が自衛隊時代に夜間の有視界訓練を経験したベテラン機長であったのだから、メディアはもっと敬意を払うべきであったのではないだろうか。当時のメディアの論調は、ベテラン漁師がせっかく見つけた水面を跳ねるカツオやマグロの群れに対して、海を知らない素人が「水面が異常気象現象で光っているだけだ」と論評しているようなものであった。そうしたことにならないように、私たちはこれからの時代、心して自分自身を正していかなくてはならない。

本物のＵＦＯを見たことがない大衆は、そのような〝発表〟や〝評論〟を真に受け、日航機長が見たＵＦＯは目の錯覚だったのだという説を信じてしまう。自分たちの〝常識〟や想像が及ばないという理由だけで、貴重な目撃者や体験者を「頭のおかしい人扱い」してしまうのだ。

しかしながら、そのような時代は終わったということを我々は知るべきだ。本物のＵＦＯを見たことがある人なら、日航機長が見たＵＦＯは本物の可能性が極めて高いことがすぐにわかる。というのもＵＦＯは、機長が目撃したように、あちらこちらに瞬間移動するからだ。

ＵＦＯは、空間を連続的に移動する手段をあまり取らない。テレポーテーションのように瞬時に別の空間に出現することができるからである。

日航機長が目撃したＵＦＯについては、当時はレーダーに映っていなかったから機長の錯覚であるかのように発表されたが、事件から十年以上経った二〇〇一年、この事件を調査した公的機関の最高責任者で当時のアメリカ連邦航空局（ＦＡＡ）幹部ジョン・キャラハン氏が、そのＵＦＯが瞬間移動した瞬間ですら、地上の米軍のレーダーがその動きを捕捉しており、その証拠も残っていると記者会見の場で暴露した。つまり一九八六～一九八七年当時のＦＡＡの発表は〝白々しいウソ〟であり、信じられない動きをするＵＦＯは地上のレーダーでも捕捉されていたことがようやく明かされたのである。

ＵＦＯが何千光年の彼方から、物理的な宇宙空間を光速に近い速さの宇宙船で、何世代もかけて、あるいはコールドスリープ（人工冬眠）をしてやってきているのだと考えることは、たった一つの凝《こ》り固まった発想にすぎない。それはまるで、月まで巨大な風船にぶら下がって飛んでいけるのだと信じるようなものだ。

そのような原始的で、気が遠くなるほど時間のかかる宇宙航行をスペース・ピープルは当然ながらしない。もっとも、地球人がそう考えてしまうのも無理はない。化石燃料などの資源をひたすら消費する地球人の乗り物がそうなっているからだ。だが、電力資源の消費を必要としない技術で動く乗り物を作り出せるかもしれないと気がつき始めた今の地球人ならば、早晩、ＵＦＯのように瞬間移動する乗り物の仕組みを理解できるようになるはずである。

隠蔽の手口が次々明かされた会見

「日航ジャンボ機ＵＦＯ遭遇事件」が機長の錯覚ではなく本物のＵＦＯ目撃であったとＦＡＡ元幹部が証言した二〇〇一年五月九日の記者会見についても詳しく触れておこう。

その証言内容を含む詳細を収録した『ディスクロージャー』の日本語訳がナチュラルスピリットによって出版されるまで日本ではあまり知られていなかったが、米国の首都ワシントンＤＣの歴史あるナショナル・プレスクラブで、二〇名を超える政府、軍、企業の関係者らが「ＵＦＯ」は妄想や錯覚の類《たぐい》ではなく、異星人の乗り物である確実な証拠があると証言したのだ。そして彼らは、そうした証拠や、スペース・ピープルとＵＦＯの情報は一部の権力者によって意図的に隠蔽《いんぺい》されていると主張した。

証言者を見ると、この暴露会見を開いた代表者である元緊急救命医のスティーヴン・グリア氏をはじめ、既に紹介した元ＦＡＡ幹部のジョン・キャラハン氏、元アメリカ空軍中佐チャールズ・L・ブラウン氏ら錚錚《そうそう》たる地位と名誉のある人物たちである。

主催者によると、会見場はドナルド・レーガン大統領が会見して以来となるというナショナル・プレスクラブのボール・ルーム（舞踏室）で、二十二台のテレビカメラが並び、大勢の記者が詰めかけるという熱狂ぶりであった。二時間にわたる会見の様子は、最初の一時間は原因不明の〝電子妨害〟があったが、インターネットでも生中継され、CNN、BBC、ロシアのプラウダ、中国の通信社などのニュース媒体が報じた。

ところが面白いことに、その他のアメリカの大手メディアは、ワシントン・ポスト紙やニューズウィーク誌、タイム誌が小さな扱いで記事を掲載しただけで、三大ネットワーク（ABC、CBS、NBC）は完全な沈黙を貫いた。何らかの圧力がかかり放映しなかったのだと代表者のグリア氏は言う。彼によると、既に何度もUFO情報開示問題で打ち合わせをして、単独番組で取り上げようとしていたABCニュースの製作担当重役も、しかるべき筋からの〝圧力〟で番組が放映できなくなったことをグリア氏に電話で示唆したのだという。

グリア氏の言うように、UFO情報を公開させまいとする何らかの圧力があったのだろうか。それに関連して秋山氏は次のように話している。

「確かにコンタクティーの草分け的存在であるジョージ・アダムスキーは危うく殺されそうになったことがあると聞いています。太陽系の各惑星に人がいると主張したアダムスキーはインチキの代名詞のように言われることも多いですが、彼はこの世界に並行的に存在する時間軸の違う宇宙、すなわち未来宇宙とコンタクトしたのです。

私も一九七〇年代にスペース・ピープルとの直接のコンタクトが始まったころ、いわゆる黒い服を着た〝メン・イン・ブラック〟の連中が来て、付け回されたこともありました。非常に気味が悪くて、怖かったですね。ＵＦＯのことを話さないように無言の圧力をかけていたのだと思います。

でも、その後連中も方針を変えて、ほとんど現れなくなりました。つまり彼らはもっと効率の良い方法を考えついたのです。コンタクティーを黙らせるよりも、**ＵＦＯやスペース・ピープルに関する情報を大衆が信じなくなるような情報操作をした方が、はるかに楽に自分たちの目的を達成できる**と考えたわけです。ニセモノのコンタクティーをたくさん作って、インターネットなどでどうしようもないデタラメな情報をドンドン流せば、大衆はこの問題からすぐにそっぽを向くだろうというわけです。

要するに、この地球には、あまり宇宙的なものが入ってくると商売にならない人たちがいるということです」

秋山氏によると、この地球にはＵＦＯやスペース・ピープルの情報が明かされると非常に困る人たちがいるのだという。おそらく本当のＵＦＯ情報を使って、何らかの独占的利益を得ているのだろう。そういう人たちが、政府や自称ＵＦＯ研究団体にも隠れていて、情報隠蔽や情報操作、そして情報攪乱《かくらん》作戦を展開しているというのだ。その中で踊らされているのが、大衆であったり、時には自称科学評論家や似非《えせ》評論家のＵＦＯ否定論者たちだったりするわけである。

物質化も非物質化もする本物のＵＦＯ

ではどうやったら、その偽情報を見分けられるのか。ＵＦＯの偽物と本物を見分けるのはさほど難しくないかもしれない。というのも、本物のＵＦＯはあちらこちらに瞬間移動をするだけではなく、実はこの宇宙においては物質化も非物質化もするからだ。その中間の半透明の状態、半物質化状態もある。

また本物のＵＦＯは、こちらからの合図や呼びかけに対して瞬時に、というかまったく誤差なく同時に光るという、信じられない芸当をいとも簡単にやってのけてしまう。「イエスのときは二回、ノーのときは一回光ってください」と頼んで質問すれば、簡単な質疑応答すらできる。念じれば、その想念に合わせてＵＦＯは動く。

正直に言うと、私も最初は信じられなかった。二〇一二年七月二十九日の深夜から三十日の未明、秋山氏と私を入れた十一人で富士山の近くでＵＦＯ観測会をやったときのことだ。深夜少し前に我々の周りを、俗に「オーブ」と呼ばれる光の玉に似た「透明なクリスタル」が飛び回り始めた。これは何人もが写真に収めているし、私を含む数人が肉眼でも確認している。実はこの透明なクリスタルが物質化する前のＵＦＯなのである。

やがて真夜中を過ぎたころ、半物質の状態だった「クリスタル」が徐々に物質化を始める。まるで夜空に輝く星のように実体を持って、誰の肉眼でも見えてきたのだ。

それは本当に、夜空の星と同じように見える位置に、星のように見えるのである。そのために、一見すると瞬く星や人工衛星のように見える。では、どうやったら星や人工衛星と区別できるのか。実体化したＵＦＯは、人工衛星のように一方向に進むのではなく、夜空を巨大なキャンバスとして縦横無尽に動き回るので、それとわかるのである。

既に述べたが、それらが星々ではないことをもっと確信的に見分ける方法もある。懐中電灯や、カメラのフラッシュを使って、ＵＦＯに向かって呼びかけてみるなど合図を送ればいいのだ。実際、その観測会で私は、持参したコンパクトカメラで「動き回る星」に向かって何枚もフラッシュ撮影した。すると驚いたことに、こちらがフラッシュを焚《た》いた瞬間に、まったくコンマ一秒の誤差もなく、動き回っていたいくつもの星が一斉に強烈な光を放ったのである。これはその場にいたほとんどの人が目撃している。

このようにして撮影したＵＦＯが、巻頭カラーページの写真1〜3である。そして別の機会に、ＵＦＯが近くに来ていることを感知した秋山氏が真夜中に、しかも雨が降る中、私のカメラを使っておそらく五メートルの至近距離に現れたＵＦＯやスペース・ピープルを捉えたのが、写真4、6、7だ。そのとき、同時に私も半透明クリスタルの撮影に成功している(写真8)。それらの写真を見ればわかるように、ＵＦＯは最初半物質の状態で現れ、最終的には秋山氏がシャッターを押した瞬間だけ実体化して写真に写り込んでいるのである。

確かにこうした現象は、本物のＵＦＯを見た人でないとわからないし、見たことがなければ信じられないのも致し方ない面はある。私も最初にこうしたＵＦＯを見たときに、なぜＵＦＯがクリスタルのような半透明の状態で現れるのかわからず、秋山氏に質問した。すると秋山氏は、「ＵＦＯもこちらの次元に合わせるのに、ちょっと時間がかかるのです。すぐには物質化しません。それに偵察の意味もあって、最初は半透明のクリスタルのような状態でこちらの世界にやってくるのです」と教えてくれた。

また、こちらの呼びかけに対して瞬時に誤差なく応答することに関しては、「ＵＦＯ、すなわち彼らの宇宙船が想念と連動して動いていることを伝えたいからです」と秋山氏は説明する。彼らの文明は、想念を重視する物心《ぶっしん》一体科学で構築されているのだ。

ここに地球人の科学とスペース・ピープルの科学の決定的な差がある。つまりＵＦＯは何千光年もの彼方から膨大な時間を費やして、太平洋をえっちらおっちらと手漕ぎボートで渡るように地球にやってくるのではない。今の地球人では到底考えつかない〝次元調整〟とも言うべき別の方法によって、しかも想念と連動して動く宇宙船を使ってやってくる。それこそやろうと思えば瞬時にこの地球にやってくることができるのである。それをどうやってスペース・ピープルが成し遂げているかについても、本書で秋山氏が語っている。

グリア氏も見ている半物質化したＵＦＯ

ところで、スティーヴン・グリア氏らによるＵＦＯ情報の暴露会見も情報操作の一環であるという可能性はないのであろうか。秋山眞人氏は言う。「グリア氏の会見や、彼がＵＦＯやスペース・ピープルから得た情報、それにＵＦＯやスペース・ピープルとのコンタクト方法を見ると、私の体験や、私がスペース・ピープルから教えてもらった情報に非常に近いです。まだお会いしたことがないので断定はできませんが、アダムスキー同様に本物のコンタクティーではないかと思います」

説明が遅れたが、実は緊急医療救命医だったグリア氏自身が秋山氏のようなコンタクティーなのである。彼は一九五五年六月二十八日、米ノースカロライナ州シャーロットで生まれた。一九六五年、八歳か九歳のときにシャーロットの自宅近所で昼間UFOを目撃。その日以来UFOとつながり、その後数週間に渡り鮮明な夢を見て、スペース・ピープルと毎晩のごとく出会うという経験をした。その後一九七三年春、十七歳のときに左腿《もも》の怪我から感染症を患い臨死体験をする。そのとき、宇宙の深みで〝神なる意識〟ともいえる二つの光体に遭遇して宇宙意識と一体となる感覚を体験。その一つの光体から「地球に戻って別の仕事をしてもらいたい」と言われ、彼らと一緒に行くのではなく、地球に帰ることを選択したという。以来、頻繁にUFOやスペース・ピープルと交信するようになった。

実はこのグリア氏の体験自体が秋山氏の体験に非常によく似ている。秋山氏もまた、幼少期に白い光の玉を見るなどの不思議な体験があった。「子供のころの奇妙な体験は、未知なるものへの恐怖心をなくすための準備として、スペース・ピープルが計画したものです」と秋山氏は言う。

そしてグリア氏が宇宙意識と一体となる体験をしたのと同じころ、秋山氏が十三歳の中学二年生だったときには、スペース・ピープルに呼びかけて初めてUFOと遭遇。その後、頻繁にUFOを目撃するようになり、スペース・ピープルと出会い、スペース・ピープルからテレパシー開発法や宇宙哲学を教えてもらい、最終的には母船の操縦や、水星や金星、太陽系外の惑星への訪問という未曽有の経験をしたという。そのときの話は、秋山氏の『秋山眞人のＵＦＯノート　宇宙人との交信全記録（仮）』（ナチュラルスピリットより出版予定）、前掲『私は宇宙人に出会った』や拙著『不思議な世界の歩き方』（成甲書房）に詳しく載っている。

一方、十七歳で神秘体験をしたグリア氏はその後、瞑想の教師をする一方で医学校を出て、一九八九年にはヴァージニア州の医師免許を取得、救急救命医となり、一九九五年にはノースカロライナ州のコールドウェル記念病院で救急救命室部門の部長医師を務めた。

グリア氏は医師として働くかたわら、一九九〇年に地球外文明と積極的に接触する活動であるＣＳＥＴＩ（The Center for the Study of Extra-Terrestrial Intelligence、地球外知性研究センター）を設立。一九九八年に医師としてのキャリアを諦め、ＵＦＯや地球外知性の情報開示や啓蒙活動に専念している。

彼はまた、秋山氏と同じようにＵＦＯ観測会を頻繁に開催している。こちらからスペース・ピープル側に呼びかけてＵＦＯと遭遇することをグリア氏は「第五種接近遭遇」と呼んでおり、その呼び方および実際に第五種接近遭遇をしたビデオをネットの YouTube で公開している。

グリア氏らが目撃したＵＦＯも、我々が目撃したＵＦＯと同様に半物質化した透明なＵＦＯと物質化したＵＦＯの両方が登場するのだ。そしてグリア氏が光で合図をすると、ＵＦＯはそれに応える形で光ってみせるのである。これが本物のＵＦＯとの遭遇だ。是非、以下のYouTubeで確認してほしい。

Dr. Steven Greer: The Ways ETs Communicate
(https://www.youtube.com/watch?v=0He6Tfejj68)

ＵＦＯ体験者が語らない本当の理由

秋山氏もグリア氏も、この「第五種接近遭遇」をした後から頻繁にスペース・ピープルとの相互交流が始まるという経験をしている。そして交流が順調に進めば、ジョージ・アダムスキーや秋山氏のように円盤に搭乗して別の惑星を訪問したりするようになるわけである。

その中で、アダムスキーやグリア氏、秋山氏、そしてアラスカ上空でＵＦＯを目撃した日航の寺内謙寿《けんじゅ》機長のように勇気を出して公言する人はごく一握りにすぎないのだ。真実を話そうものなら職を追われかねない。事実、寺内機長はこの巨大ＵＦＯを目撃してしばらくしてから地上勤務を余儀なくされたという。ＦＡＡが寺内機長のＵＦＯ目撃体験は事実であると実際は確認していたにもかかわらずだ。

もちろん、ＦＡＡはそのような事実は発表しなかった。というのも、当時のＦＡＡ責任者の証言によると、寺内機長の証言を裏付ける記録を持参して政府主催の会議で報告したところ、箝口令《かんこう》が敷かれたうえに、公式には事件は存在せず、会議も開催されなかったことにされてしまったのである。真実は意図的に葬り去られたのだ。

ＦＡＡが口をつぐんでしまったからには、寺内機長の貴重な目撃とその勇気ある証言は、自称評論家たちによって「特異な気象現象を見誤ったもの」とされ、一笑に付されてしまった。そして機長としてのキャリアも事実上、終止符を打たなければならなくなったのだ。

これまでは、ＵＦＯの真実を話した者にはこのような仕打ちが待ち受けていた。だが、ＵＦＯをまともに見たこともない似非評論家の悪意ある嘲笑と、それに騙される愚かな大衆という図式は、もう時代遅れなのである。新しい時代は、悪意のある情報や偽情報に騙されることなく、宇宙と楽しく付き合える自分を見出す時代なのだ。そのためには、どうすればいいのか、ＵＦＯ問題の現状について秋山氏に語ってもらおう。

UFO偽情報流布の手の込んだ手口

布施　騙されないためにはその手口を知る必要があると思います。UFOの偽情報はどのように流布されるのでしょうか。

秋山　スティーヴン・グリア氏はよくあれだけの情報提供者を探し出したと思います。基本的に退役軍人は信じない方がいいと言われている問題もあります。というのも、もし彼らが極秘情報を話すと、年金も取り上げられ、法律でも罰せられる可能性があるからです。退役軍人が話すときは、そうした彼らの立場を理解したうえで、情報に耳を傾ける注意が必要です。もしかしたら、情報攪乱作戦の一環かもしれないからです。それでも真実を話してくれる退役軍人たちがいたとしたなら、それは本当に勇気のある行為であると知ることです。

情報攪乱を狙っている人たちは、真面目なUFO研究者・研究団体をバカにするために、わざとSF的な偽情報を流します。たとえば、**宇宙人に誘拐されて身体検査を受けたり、セックスを強要されたりしたとかいった類《たぐい》の話は偽情報の可能性が高い**です。

この種の情報のほとんどは、異星人問題の真相を知られたくない人たちが絡んだ、作為的な情報です。確かに太陽系外から来る生命形態の異なったスペース・ピープルが、ちょっと悪さをしたという例はあったかもしれませんが、そんなことは本当に稀なケースです。情報操作する人たちは、それを大幅に誇張した情報を流して、地球にやってくるスペース・ピープルはみんなそういうことをするのだという印象を大衆に植え付けようとしています。

グリア氏が指摘しているように、たとえば南米辺りの、飛行機を見たこともないような農夫を連れ出して、おかしな話を信じ込ませ、大騒ぎさせるというケースも実際にあったようです。誰かに催眠術をかけて、その人の記憶を逆行させていって、どこかの時点でUFOに乗ったりスペース・ピープルとコンタクトしたりしたという偽の体験をインプットするというやり方もあります。

一時期アメリカで話題になった**キャトル・ミューティレーション**（家畜などの動物の死体の一部が切り取られ、しかも血液がすっかりなくなるという異常な惨殺事件）**も明らかに作為的**です。あれはちょうど、牛肉の輸出入問題があって、アメリカの農業従事者たちが政治的、社会的に大きな影響力を持っていたときに起こっています。

そこがミソなのです。そういう社会的影響力の大きな農民たちの間で、自分たちの家畜が殺され、それが宇宙人の仕業だという噂が飛ぶことで、宇宙人への反感が強まるわけです。さらに言うならば、あの事件は主として米軍基地の周囲だけに起きているという点も見逃せません。

以前、オーストラリアで自動車がUFOに吊り上げられたという事件が報道されましたが、あれも普通では考えられないことです。スペース・ピープルがそのような荒っぽい力技を示すことはまずありません。地球人ならやりかねませんが。

とにかく、UFOに関するネガティブな情報というのは、操作されたものであったり捏造《ねつぞう》されたものであったりすることが極めて多いのです。個々の情報を追いかけていくと、そのことがだいたい判明します。

特に最近のテレビ番組を見ると、よりセンセーショナルにSFチックな情報が垂れ流されている場合が多く見られます。南極に「スターゲート」があったとか、宇宙人の地球侵略が密かに始まっているとか。そもそものような重要な極秘情報が「ディスカバリーチャンネル」などで放映されるはずがありません。ディスカバリーチャンネルに流されること自体が、何らかの情報操作の可能性が強いことを物語っています。

＊　＊　＊

この秋山氏が語るUFOの偽情報に関連して、グリア氏がどのように語っているかも紹介しておこう。グリア氏もまた、スペース・ピープルによるキャトル・ミューティレーション、人間生体解剖、強姦や強制妊娠などの情報は、UFO情報の開示をよしとしない〝闇の政府〟が莫大な資金を供与して、「大衆洗脳作戦」として意図的に流している偽情報であるとしている。

偽情報を流している方《ほう》は、情報操作に加担しているとは夢にも思っていない研究者もいれば、お金をもらって嬉々として偽情報を流している者もいるという。流される情報のほとんどが、宇宙から来るすべてのものについて、大衆の意識の中に漠然とした恐怖心を植え付けることを目的としたものだとグリア氏は力説する。そして恐怖心を増幅させる研究団体には莫大な資金を提供し、真実を伝えようとする研究団体には資金援助を絶つことによってＵＦＯ研究団体は手玉に取られているのだともいう。グリア氏はこうした偽情報を垂れ流したり、偽ＵＦＯを実際に作戦的に演出したりしている〝闇の政府〟の協力者を実名で知っており、自分自身も〝闇の政府〟の関係者から協力を持ちかけられたことがあったと話している。

いやはや、何ともすごい話である。グリア氏によると、〝闇の政府〟の情報操作によって、邪悪なエイリアンが侵略して我々の哀れな食牛を虐殺しているなどという話を合成牛肉のハンバーガーを好きな人たちは信じてしまうのだという。当たらずとも遠からずかもしれない。

米国の俳優オーソン・ウェルズがラジオドラマ化した『宇宙戦争』や一九九〇年代にヒットした米ＳＦ映画『インディペンデンス・デイ』なども、おそらくそうしたプロパガンダの一環だったのではないかと思われてくる。こうしたまやかしの情報に惑わされないようにするにはどうすればいいのだろうか。秋山氏に聞いた。

まずは本物を見ることにより始まります

布施　我々が気をつけなくてはならないことは何でしょうか。本物のＵＦＯ目撃情報と偽情報を見分ける方法はありますか。

秋山　今、出回っている宇宙人論説の中で、何が本当で何がニセモノで何が問題かをはっきりさせる必要があります。このことをきちんと整理しておかないと、本当の情報がニセモノの中に紛れてしまいます。霊能力に関してはその境目がはっきりとしない面もありますが、宇宙人問題に関しては、はっきりと偽物と本物は分かれます。そこはきっちり分けるべきです。

そうしないと、本物のＵＦＯコンタクティーでも逆に人権問題ギリギリまで批判されます。私も2ちゃんねるなどで、あることないこと書かれまくったときもありました。ウィキペディアも、いったい何度書き換えさせたことか。本当に悪口を書く人たちがいるわけです。毎週監視していないといけないくらいひどかったです。

でも一番の問題は、ネット情報を鵜呑みにして判断する人が増えていることです。お金をもらってあることないことコピペしたりして、嘘情報を流している不届き者もたくさんいます。情報を独占的に支配して、世論を都合よく動かす情報ファシストや、それにより利益を上げている情報マフィアのような人たちが、はびこっています。

そういう人たちが勝手に暴走してくれるので、CIAなどの政府機関が情報隠蔽工作のために計上された予算を使わずに済んで助かるというのが、インターネットというシステムを〝真のブラックコントローラー〟が張り巡らせた目的の一つでもあったわけです。インターネットという墓穴《はかあな》を掘って、本当の情報を持っている人を罠にかけて世の中から葬るというわけです（インターという語には「墓穴を掘る」「埋葬する」という意味が、ネットには「網でとらえる」「罠にかける」という意味があります）。

本物と偽物の見分け方は、実は体験者にしかわかりません。布施さんも体験しているからわかると思いますが、グリア氏の体験談は、我々が体験したUFOやスペース・ピープルとの遭遇とほとんど同じです。グリア氏が我々の体験談を読んで、それをアメリカバージョンにしたような話が紹介されています。つまり、本当のUFO体験というのは、大きく変わることはないのです。みな同じような体験をしています。その真偽は、体験した人にしかわからない。

体験したことのない人にＵＦＯやスペース・ピープルとの遭遇を一から伝えるのは、本当に難しいです。だから見分けるには、まず本物を見ることです。根気強く、真摯に願えば、ＵＦＯは必ず出てきます。

そうした本物の体験を基準にして、ニセモノか本物かを判断するしか方法はありません。まずは本物を見ることから始めるべきです。

コラム1「本物のＵＦＯを呼ぶ方法」

ＵＦＯのニセモノを見分けるようになるには、本物のＵＦＯを見るしか方法はない。そこで、秋山氏による「本物のＵＦＯを呼ぶ方法」を紹介しよう。

秋山　ＵＦＯの呼び方の基本は、とにかく「見たい、見たい」をなくすことです。まず、星の美しさを見たり、自然のゆったりした夜の時間を楽しんだりすることです。逆に言うと、コーヒーや紅茶を飲みながらでもＵＦＯは見られます。それこそ見晴らしのいいテラスにテントでも張って、仮設ベッドでも作ってベッドに横たわって、のんびり見ればいいのです。

ＵＦＯが出やすいのは、意外と早い時間で午後九時から十一時の間か、明け方の午前三時から五時の間です。二つに山が分かれています。やはり郊外の方が出やすいです。あと古代遺跡や巨石があるところがいいです。断層のそばも出ます。水のあるところのそばも出やすいです。出やすいというよりも、我々の想念がシャープになりやすい場所なのです。

神経質にやる必要はありません。なるべく気持ちを落ち着かせることです。和やかに楽しい、落ち着いた雰囲気をつくることです。本当に気心の知れた人たちと一緒に、少人数で観測されるのがいいのではないでしょうか。

現地に着いたら、空を眺めながら、五分くらいＵＦＯに対していろいろな思いを伝えることです。「なぜＵＦＯを見たいのか」という思いを心の中で自分に解説するように伝えます。それで二十分くらい空を眺めてみてください。その後も、五分くらい思いを伝えて、二十分くらい眺める所作を繰り返します。それだけです。で、四、五人いたら、みな別々の方角を見るようにします。そうすると誰かが見つける可能性が高くなります。

ＵＦＯが出たら、レーザーポインターや懐中電灯を使って合図をするのもいいでしょう。グリア氏がやっていますが、ビームを使ってこの辺だよと知らせることができて便利です。

ある程度できるようになったら、今はビデオの性能も良くなっていますから、暗視モードでビデオ撮影することもお勧めです。ある意味、徹底的にビデオを撮っておくといいです。あとからUFOが映っていることがわかる場合もあるからです。

UFOコンタクティーは、昔よりも増えています。地球を訪れているスペース・ピープルの数はそんなに変わっていませんが、コンタクティーは増え続けています。スペース・ピープル側の地球担当は、一時期少し増えたことがあるのですが、今は元に戻っています。本気で地球に定住するために転生してきたスペース・ピープルは除いて、当番制で地球上にずっと滞在するスペース・ピープルの数は変わっていません。**日本で言えば、一四四一名です**。この数字は変わっていません。

UFOやスペース・ピープルは我々のすぐそばにもう来ているのです。明確な目的を持って、真心を持って呼びかければ、必ずあなたの目の前に現れるはずです。

これがＵＦＯ情報隠蔽工作の全貌だ

布施　具体的なインチキな事例というのを挙げることはできますか。

秋山　著名なＵＦＯ研究家ドナルド・キーホー氏もかかわった米国のＵＦＯ調査団体「ＭＵＦＯＮ《ミューフォン》（相互ＵＦＯネットワーク、Mutual UFO Network）」は信用できる団体とされていましたが、今はどうでしょうか。退役軍人や刑事がたくさん入っていて、資金の出所にもわからないところがあります。やたら主要なＵＦＯ事件に駆けつけて、後でディスカバリーチャンネルかヒストリーチャンネルで「面白おかしいところ」だけちょっと出すのです。この問題をきちんと提議しないといけないと思います。

　つまり、グリア氏が指摘しているように、隠蔽工作にはいくつかのパターンと手口があるわけです。たとえば、先ほどもお話ししたように、キャトル・ミューティレーションは確かにその手口の一つではあります。だけれども、あの牛やヤギが倒れる病気というのは、バクテリアが原因であるという説もあるのです。

　バクテリア説以外にも、家畜の胎盤を取る人たちがいた可能性もあります。胎盤エキスはアンチエージングの化粧品としても高く売れますからね。だからすべてが隠蔽工作かというとそうではないわけです。あれは二重の罠です。

キャトル・ミューティレーションはいろいろな思惑が錯綜《さくそう》した事件です。グリア氏が言うようにCIAなどがUFO情報隠蔽工作の攪乱戦術としてやっていたかもしれないし、バクテリアが原因かもしれないし、胎盤エキスを盗み出す連中の仕業だったかもしれません。それを全部が全部CIAの工作にしてしまったのでは、バカにされるだけです。

CIAの息のかかった「ヨイショマン」的なUFO研究家は日本にも少なからずいますし、誰だかはもうわかっています。様々なメディアに記事を掲載しながらメディア関係で根回ししている人物がいるのです。しかし我々も長い経験から彼らに騙されたりしない方法論も多く学んできました。

騙されてはいけないこれだけの理由

布施　グリア氏はUFO情報の九〇パーセントがウソ情報であると言っていますが。
秋山　確かに嘘が多いです。グリア氏は宇宙人による誘拐事件がすべて嘘であるとしていますが、必ずしも嘘ではない場合もなくはありません。ここにも罠があるのです。本物の体験者は、かえってナーバスになり、極論に走るきらいがあります。すると、揚げ足を取られたりするわけです。

ゲームで考えたら、たとえば我々が「宇宙人による誘拐はすべてＣＩＡの隠蔽工作である」とぶち上げたら、ＣＩＡが次に何をやるかというと、ＣＩＡがやったものではない「本当のＵＦＯ誘拐事件はあった」という〝証拠〟を出してくるはずです。それがねつ造であるかどうかは別にして、必ず出してきます。意図的に否定する情報を出して、本当の情報を葬るのです。だから相手の挑発に乗ってはいけないのです。

我々が完全肯定、完全否定をしたときに、彼らがどう出てくるかを読んだうえで茶化すのが一番いいわけです。茶化す人間のずるいところは、相手がどのように出てきても勝てるように茶かすのです。そのときやはり怖いのは、大衆が何を信じてしまうのか、ということです。そこは彼らも怖いはずです。

布施　何か対抗する手段はないのでしょうか。

秋山　やはりこちらができることは、**一人でも多くの人に真実に触れてもらうこと**しかありません。本当のＵＦＯはこういうもので、本当の「未知との遭遇」とはこういうものだということを知ってもらうしか方法がありません。

繰り返しになりますが、一度、本物のＵＦＯに遭遇する経験をすれば、たとえばグリア氏の遭遇経験が本物であるかどうかがわかるのです。逆に本物を見た経験がないと、判断できないわけです。

一方、ニセモノの目撃情報だけ精査して情報を集めると、ＣＩＡや軍の常套手段がわかってきます。そこから浮き彫りになってくる共通点はＣＩＡや軍の手口なわけです。

説明が遅れましたが、ＣＩＡや軍といってもおそらく裏の組織で、表の組織とは別のモノです。しかも、果たして軍がやっているのか、ＣＩＡがやっているのか、それもわからなくなっています。

よく「闇の政府」という表現が使われますが、これもわかりません。「闇の政府」という言葉を使った瞬間に、巷《ちまた》の陰謀論にされてしまいます。

だから逆に私は、「陰謀なんてないんじゃない?」と言うようにしています。「私も含めて大衆がバカだから陰謀があると思ってしまうのです」と。実際、今の陰謀は正々堂々と行われていて陰謀とは言えない面もあります。

たとえば小泉政権のときも安倍政権のときも、日本の首相が困るとどうして北朝鮮からミサイルが飛んでくるのかという謎もあります。北朝鮮と自民党は組んでいるのかと思えるほど、あからさまでお笑いの〝陰謀〟が行われていると言ったら言いすぎでしょうか。

今ＣＩＡは、民間の調査団体に退職警官や退職軍人を使って調査させて、情報を操作するというやり方をしています。ＣＩＡや軍は、自分たちにとって都合のいい退職軍人らにＭＵＦＯＮのような団体に入り込ませて、そうした団体の情報を探らせたり、わざと偽の情報をつかませたりして、本当のＵＦＯ情報を隠しています。

その手口によって飼い馴らされた民間の研究者たちは、世の中に溢れている偽情報や本当の情報を自分たちの〝標本箱〟にただひたすら集めるだけで満足してしまっているという状況があります。そうした研究家はただのオタクたちです。彼らは本当のＵＦＯ遭遇者を無視する傾向すらあります。というのも、権力者が意図的に垂れ流す情報に絶対の真実があるのだと信じて疑わなくなっているからです。そうなると、もう彼らをコントロールすることなど本当に簡単にできます。

逆に、その手口を知っておけば、本当のＵＦＯ遭遇者をなぜ自分は無視するようになったのかを立ち止まって考えることもできるようになります。そのように決めた情報はどこから得たのか。その情報提供者をもう一度自分自身で精査することにより、偽情報のコントロールから抜け出すことが可能になります。

何がアメリカで起きているのか。調査機関に金が出ているのは、ディスカバリーチャンネルを見ていても一目瞭然で、今までＵＦＯ研究では表にも出てこなかった情報がメディアを通じてバンバン公開されているという事実があります。その研究をそもそも調べたのは誰かというのを見ると、調査員はほとんどがＭＵＦＯＮです。ＭＵＦＯＮの元警察官とか退役軍人とかが現場で調べた情報です。

「おかしな事件だ。軍がかかわっているかもしれない」と彼らは言いますが、そのレベルでやめておいて、後は段ボール箱に入れているのが実情です。つまり大衆は、しかるべき機関が対象を調査したということだけで納得してしまうのです。

「しかるべき機関が調査したのによくわからなかったのだから、まあいいか」くらいのレベルで終わってしまいます。そして意識からも消えてしまいます。本当に知るべき情報は段ボールの中に入ったまま――これが問題なのです。

ですから、ケネディ暗殺事件を調査したウォーレン委員会の報告のように、**何となくしっかりした機関が、何となくきちんと調査して、何となく結論が出ましたみたいなものが一番怖いわけです。**そういうときほど我々は注意しなければなりません。ところが大衆は、今日の残業代ばかりを気にして、そういったことに注意を払おうとしません。それだったら、拝金主義の権力者と何ら変わらないではないですか。

原発問題でさえも、今や完全になおざりになっています。福井県の高浜原発が再稼働したのに、誰も阻止をしようとしなかったという現実があります。あのように危険なものが野放し状態です。

しかも敵対国が原子力発電所にミサイルを落とせば、どういうことになるかはわかっているはずです。福井、茨城、静岡の原発が狙われたら、その三角形で囲まれた東京などの地域は人が住めなくなります。口で言っているほどやる気があるように思えない北朝鮮のミサイルが脅威だと言うのなら、原発こそもっと脅威であるという認識を持つべきです。それなのに、「高浜再稼働しました。はい終わり」ではいけないのです。それは「ＵＦＯは全部火球でした。はい終わり」という政府の発表を信じるようなものです。

私は北朝鮮や政府が一方的に悪いと言っているのではありません。「無理解と対立を促すもの」こそが真の敵だと言っているのです。

陰謀を仕掛けているのは「国際銀行家」か

秋山　一回ちゃんと見るようになると、つまり本当の陰謀は正々堂々と行われているということが見えてくると、人間としての普通の正論があって、その正論で大きなものを見ていれば、意外と間違えなくなるものだということがわかってくるのです。

個人が小さいときから直感的に感じていることは正しいのです。相手が嘘をついている人間かどうかはきちんと他者と向き合うことでわかりやすくなります。そういうところから導き出される正論は間違っていないことが多いのです。大人になってもそれは同じです。あとは頭を常に柔軟に保てるかどうか。

洗脳という言葉では言い表せないような「思い込ませる技術」はかなり発達しています。本当は洗脳ではありません。権力者が使うのは、思い込ませる技術です。正々堂々と思い込ませる、非常に高度な大衆に対する技術があるのです。

その中で陰謀論は、最も重要な〝思い込ませ〟の道具です。陰謀論を興味本位で読んだら既にやられていると思ってください。手に取った時点で思い込まされているのです。陰謀論だけは、慎重に精査しなければなりません。陰謀論は仕掛けられた爆弾や地雷のようなものです。慎重に解体する必要があります。

陰謀だと言う人がいたとします。**大事なのはこの陰謀で得をする人は誰か**、ということです。陰謀の背景にあるメリットは何か、です。反対に陰謀ではないと言う人がいたとします。その陰謀ではないということの背景にあるメリットも見極める必要があります。

たとえば、UFOを隠すことにメリットがある人は誰かという問題があります。その答えは、UFOから恩恵を受けている人たちです。UFOから恩恵を受けていることを言えない、後ろめたい人たちです。すると、そういう人たちが誰かは自《おの》ずとわかってきます。軍か、N

ＡＳＡか、政府か、その奥があるかもしれません。

しかしながら、軍もＮＡＳＡも政府も、どうも組織的にやっているわけではなく、ＣＩＡも全組織としてやっているように思われません。多分、ＵＦＯに関しては、ひょっとするとＵＦＯから恩恵を受けているのは政府ではなく、巨大銀行家または民間企業のグループのような気がします。

ここでヒントになるのは、聖職者・考古学者のジョージ・ハント・ウィリアムソン（一九二六〜一九八六）です。ＵＦＯ陰謀論を広めたのも実は彼が最初です。彼は「国際銀行家」がＵＦＯ問題を隠蔽していると主張しました。でも彼は具体的に誰だとは名指ししませんでした。果たして、巷に言われているようなユダヤ金融資本のことを言っているのでしょうか。もしかしたら、ロスチャイルド家やロックフェラー家すらも隠れ蓑なのかもしれません。

たとえばアメックス・カードには、ブラック・カードというのがあります。日本でも数名しか持っていないと言われています。そのうちの一人に会ったことがありますが、とにかく尋常ではありませんでした。そういう人たちは、あらゆる国に百億円以上の資産を持っているという話すらあります。

彼らが隠蔽工作に加担しているのかどうかはわかりませんが、世界にはウルトラ金持ちがいるわけです。彼らがいったい何をやっているか、です。彼らはモナコに行ってクルーザーを買うレベルの金持ちではありません。彼らから見れば、そのような金持ちは貧乏人にすぎません。彼らはその資産を代々継承しているように思われます。で、その資産はドンドン膨らんでいくのです。

そういう人たちはまず何をするかというと、目立たないように生きます。隠すプロになっていくのです。ロックフェラーやロスチャイルドもただの雲隠れ装置です。宗教ですら装置として使われている可能性があります。

我々が本当に後ろめたい大金持ちだったらどうするかを考えればわかります。表には絶対に出ません。絶対的に隠すはずです。だから彼らは、ボロボロのボストンバッグやビニール袋を持って、質素な暮らしをしているかもしれません。スーパーで安売りの品を買って、家も普通のマンションに見えるけど、隠しボタンを押すと巨大な研究所があったりするわけです。「金はあるけど日々の暮らしは苦しい」それが権力者の性《さが》というものかもしれません。

マスコミの陰謀を暴く

秋山　私たちは自分で信じた宇宙を創っている創造者です。にもかかわらず、自分で創っている宇宙を、信じない方向やわからない方向、あるいは謀《たばか》られる方向に持っていこうとしているように感じてなりません。

そこには真の陰謀があります。真の陰謀ほど、白昼堂々、正々堂々と目の前で行われています。しかも皆は気がつきません。

たとえば、つい先日まで、テレビのコメンテーターといったら、経済学者や哲学者、社会学者が主流でした。それが途中から、お昼のコメンテーターを含めて心理学者になりました。さらにそれが進み、途中から脳生理学者が出てきます。マスコミから大学教授になった人とか、テレビコメンテーターから大学教授になった人たちが現れ、テレビ画面を占めるようになりました。

テレビコメンテーターこそ、偏った職業人を選んではいけないはずです。でも意図的に偏らせています。これはマスメディアの〝正々堂々とした陰謀〟だと言ったら怒られるでしょうか。

世論を誘導して信じ込ませ、大衆をあたかも完璧な審査員であるかのように祭り上げながら視聴率を取るのは彼らの常套手段です。そのやり方自体を非難するつもりはありませんが、少なくともそれを冷静に見て、気がついている自分が常にいなければ、いつまでも騙され続けるでしょう。

新しい健康法が現れては数年で否定され、次の健康法に置き換えられるというのが今のはやりですね。しかし、結果として自分の体にどんどん自信を失っていく人々が増えていくのをいつまで見ていればいいのでしょうか。

第2章

本物のＵＦＯの秘密

第1章で少し触れたが、宇宙人の乗り物であるＵＦＯは想念と連動して動く。秋山眞人氏が説くように、スペース・ピープルは想念がいかに重要であるかを、そうしたＵＦＯを見せることによって伝えようとしているのだろう。

秋山氏はＵＦＯ操縦法だけでなく、スペース・ピープルのＵＦＯの製造工場を見学してどのようにＵＦＯが製造されていくのか実際に見たことがあるという。この章では、ＵＦＯ製造法と操縦法を含め、本物のＵＦＯとはどういうモノで、どのように動くのかについて秋山氏に詳しく聞いてみよう。惑星間航行が可能なＵＦＯを生み出した驚異的なスペース・ピープルの科学技術力にも、地球人が今後飛躍的に進化するためのヒントが隠されているはずだ。

幼少時にＵＦＯ側からのマーキングがある

布施　ＵＦＯと交信したという人はいても、ＵＦＯを操縦したという人は稀有《けう》です。どのようにしてＵＦＯ操縦に至ったのですか。

秋山　コンタクティーが進む道としては、遭遇やテレパシー交信の段階が終わると、順調に行けば次はＵＦＯの操縦という段階に入るのです。これが**ＵＦＯの教育カリキュラム**です。

この段階ではＵＦＯ操縦法、製造法、内部構造について学びます。

ＵＦＯと接触した人間、いわゆるコンタクティーには、基本ベースで共通のカリキュラムがあります。それはコンタクティー同士が出会ったときに、その相手の状態というか、相手の深さとか、相手が本物かどうかを見分ける重要な情報にもなります。もっとも、個別のカリキュラムもあることはありますが、基本的にカリキュラムは共通しています。

コンタクティーがいきなりＵＦＯに乗せられるということはありえません。最初に必ずあるのは、物心ついたときから十四、五歳くらいまでの間に、一度非常に強烈な遭遇体験をすることです。そのときはおそらく皆、それがＵＦＯであるという認識があまりないはずです。「何か変なものを見ちゃった」という感じです。私も、これらの体験は後になってから思い出しました。基本的には幼少時の記憶ですから忘れてしまうのです。

そうした不思議な体験では、周りの人と一緒に見たり、近接してその構造が見えたりとかもします。その段階でＵＦＯから落ちてきたモノを拾ったというケースや、家の中で飛び回るソフトボール大のボールを見たケースもあります。海外では、そのボールが空から落ちてきたという報告もあります。こうした**丸い玉は記録用の球体円盤**です。半円状のメロンパンのような形をした円盤もあり、それは直径三〇センチくらいでしょうか。

記録用円盤にはいろいろなバリエーションがありますが、共通しているのは、**太陽の光が**

当たっている日中はジェラルミンの玉のように見えて、夜は内側から透けて光っていることです。基本的にはその光の色が変化します。その真ん中には磁気柱のようなものが見えて、その柱を光が移動しているのが見えます。あのように小さな玉でも芯や軸があるのです。

こうした記録用円盤を小さいときに見るということが、コンタクティーとしての最初の体験です。私の場合はほかに、「ＵＦＯから」という明確な意識のないまま、この世のモノとは思えないような変なモノを拾ったことを覚えています。

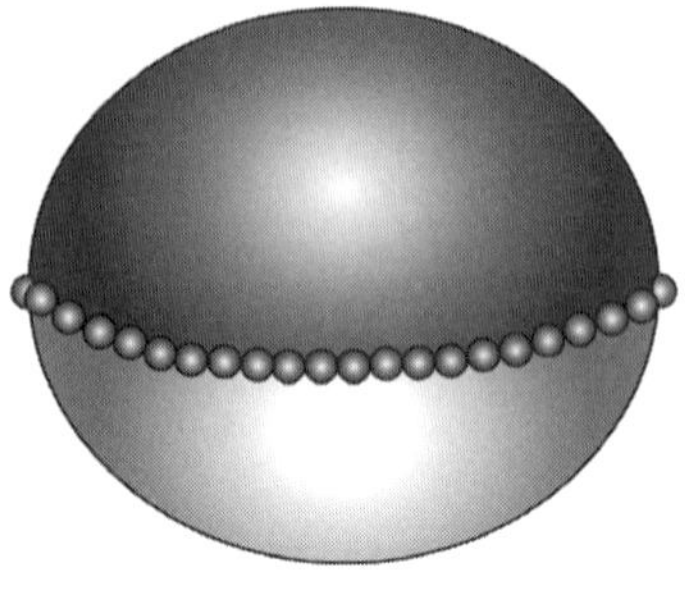

図１　秋山氏が登呂遺跡で拾った鉄のような玉

父親と一緒に登呂《とろ》遺跡（静岡県静岡市）に行ったときのことです。それはゴルフボール大の楕円の茶色い鉄のような玉でした。よく見ると、中央部に環状の、非常に細かい彫刻が施されていました。一見すると一部が錆びた鉄のようで、質感同様、実際に重たかったです。そのときは古代の遺物ではないかと思いました（図１）。

それで父親にそれを見せようとして、ジャンパーのポケットにしまい、ポケットのジッパーを閉じて持っていったら、あるはずの玉は消えていたのです。その不思議な体験はずっと記憶に残ったままでした。

後から思い出すと、光の玉が家の隅にずっと留まっていたり、外を飛び回ったりしているのを何度か見ています。だけどそのときは、超常現象とかＵＦＯとかいう概念さえ持っていませんでしたから、「気味の悪いモノ」と感じただけで、気にかけませんでした。ただ「得体のしれないモノ」が周りにいるというかすかな感覚だけが残ったのです。

このようにコンタクティーは、小さいときに必ずＵＦＯとの遭遇体験をしています。でもそのときには記憶を消されているのかどうかわかりませんが、あまり意識には残らないのです。そのことについて、後になってからスペース・ピープルに聞いたところ、「いったんＵＦＯとの遭遇のベースになる経験を思春期までの間に学ぶと、かなり恐れが軽減されるのです」と話していました。逆にこうしたものに「恐れ」を超えて「興味」を抱きやすくなるというベースが作られるのだそうです。

そして、ある程度そうした現象に馴染《なじ》んで、整理して考えられる年齢になったときに、本格的なコンタクトに入るわけです。つまり幼少期の不思議体験は、一種のＵＦＯ側からのマーキングのようなものなのです。私はこの段階をマーキングの頭文字を取って「Ｍ」と呼んでいます。

ＵＦＯカリキュラムの「ＡＢＣ」

秋山　コンタクトが始まって最初に重要なことは、「ＵＦＯを見る」ということです。これはウォッチングですから、頭文字を取って「Ｗ」の段階です。とにかくＵＦＯをたくさん目撃します。

目撃と同時に始まるのが、そのＵＦＯを感じることと受け入れることです。するとＵＦＯがいることを感じるようになります。これはフィーリングとキャッチングですから「Ｆ」と「Ｃ」の段階となります。

この段階になるとＵＦＯ目撃の頻度が高まり、毎日のように見るようになります。またはＵＦＯとつながっているという感覚が出てきます。これがコネクティングの「Ｃ」です。そのうちにＵＦＯがこちらの想念に反応するのがわかってきます。たとえば現れたＵＦＯに対して、「直角に曲がれ」と念じると、ＵＦＯが直角に曲がったりしてくれるようになります。こちらの思いに対してＵＦＯが反応するのがわかるのです。反応はリアクティングですから、「Ｒ」です。この段階ではＵＦＯとの意識の一体化がわかります。

「Ｍ」「Ｗ」「Ｆ＆Ｃ」「Ｃ」「Ｒ」と来て、その次にテレパシー受信の「Ｔ」が始まります。

ここから個人差が出て、体験の仕方が分かれてきます。耳鳴りのように「ピーン」という音で感じる人もいれば、「ピリピリピーピピ」とかモールス信号のような音が聞こえる場合もあります。「ワワワワワン」と振動音で聞こえる人もいます。部屋が鳴るラップ音も出やすくなります。つまりこの段階では、自分の周りである種の超能力的現象が起きるようになります。

そうなると、ＵＦＯを呼ぶことができるという自信が出てきます。だから人にＵＦＯを見せてあげることもできるようになります。ある程度、他人に対してもテレパシーで伝えられる能力が出てきます。

視覚的能力が強い人は、図形で出てくる場合もあります。音を聞いたり、イメージを視覚的に受信したりするようになるわけです。勝手に手が動いて文字を書いたりする自動書記で宇宙人からの情報を受信する人もいます。こうした能力の発現がバラバラに同時多発的に始まります。

質感の伴うテレパシー交信が始まる

秋山　そうなると今度は、それらがどういう意味を持つのか理解したくなります。学習意欲がすごく出てきます。すると、カリキュラムも具体化してきます。哲学的な話も出てきます。

私の場合は、送られてきたビジョンの段階で、向こうの惑星の風景とか、ＵＦＯのパーツを見せられました。ＵＦＯのパーツは一つ一つすごく詳細に見せられます。そしてＵＦＯの全体像や構造のビジョンも送られてきました。

たとえば、ＵＦＯのボディを開いて、その断面を見せられたこともあります。それをよく見ると、全部が繊維のような六角形のパイプの集合体になっていました。ＵＦＯの内部にある椅子の質感なんかもテレパシーでわかりました。金属なのに軽くて柔らかいのです。しかも金属なのに体にフィットして形が変わるのです。一種の低反発金属のようなものです。

それからスペース・ピープルが、コンタクティーが幼少時に見るような光る玉を保持していることもテレパシーで伝えられました。またスペース・ピープルが楕円形のカプセルの中に入って横たわると、ある程度、顔や形を変えることができるというビジョンを見せられたこともあります。髪の毛の色も変えられます。

スペース・ピープルに聞いたら、カプセルの中に入ると、外側からのテレパシックなものが完全に遮断できるのだそうです。その中で自分の想念を強く体に投影させると、十二時間くらいで顔つきとか骨格を、多少ですが、変えることができるのだということです。髪の色は想念によって完璧に変わります。

私が初期のころコンタクトしていた「レミンダ」という宇宙人は、普段はロマンスグレーの髪の毛なのですが、正装で出てくるときには、コバルトブルーの髪の毛でした。すごくきれいな、ブルー・シルバーみたいな青です。正装では胸にマークが付いたガウンかポンチョのようなものを着ていました。

こういうものを見せられているうちに、ＵＦＯの椅子の質感で感じたような、感覚が伴うテレパシー交信に移行していきます。たとえば、ＵＦＯに実際に搭乗する感覚のテレパシーだとか、ＵＦＯの中を実際に歩いたように感じるテレパシー交信が始まるわけです。

このテレパシーは感覚が伴うものですから、一見すると霊的な幽体離脱の体験と誤解してしまいます。私もそのことを尋ねたら、スペース・ピープルからは、それをきちんと明確に分けなければダメだという答えが返ってきました。霊的な体験と「感覚テレパシー」とはまったく別のモノだというわけです（ここであえて言っておきますが、既存の宗教の「霊界論」や霊的体験と、宇宙人とのコンタクトは似て非なるもので、この区別も大切なのです）。

このテレパシーがさらにすごくなると、自分が三人いる経験をさせられたりもします。**自分の意識の分割経験**です。

感覚テレパシーによるUFO操縦の訓練

布施　意識が分割するのですか！　感覚テレパシーですごい体験をしたのですね。

秋山　ただしそれよりも面白かったのは、感覚テレパシーでUFO操縦のシミュレーションをしたことです。このシミュレーションでは、一人乗りのベル型の小型UFOに乗せられます。そのUFOには小さな三〇インチほどのスクリーンがあって、三つの線が交差しているピーナッツ型マユのような物体が映っています。そこからは小さな光が出ています（図2）。

そのときスペース・ピープルからは「そこに意識を集中しろ。集中しながら力を抜け」と言われます。集中して力を入れるのではなく、集中しながら顔面を中心にして全身の力を抜くのです。いわば集中弛緩《しかん》の状態です。言われた通りにして、半分目を開けながら集中してぼんやりとしてくると、心が本当に澄み切った状態になる瞬間が来ます。するとポンとスイッチが入ってパーっと光ります。それと同時にフワッとした浮遊感が出てきます。ちょっと

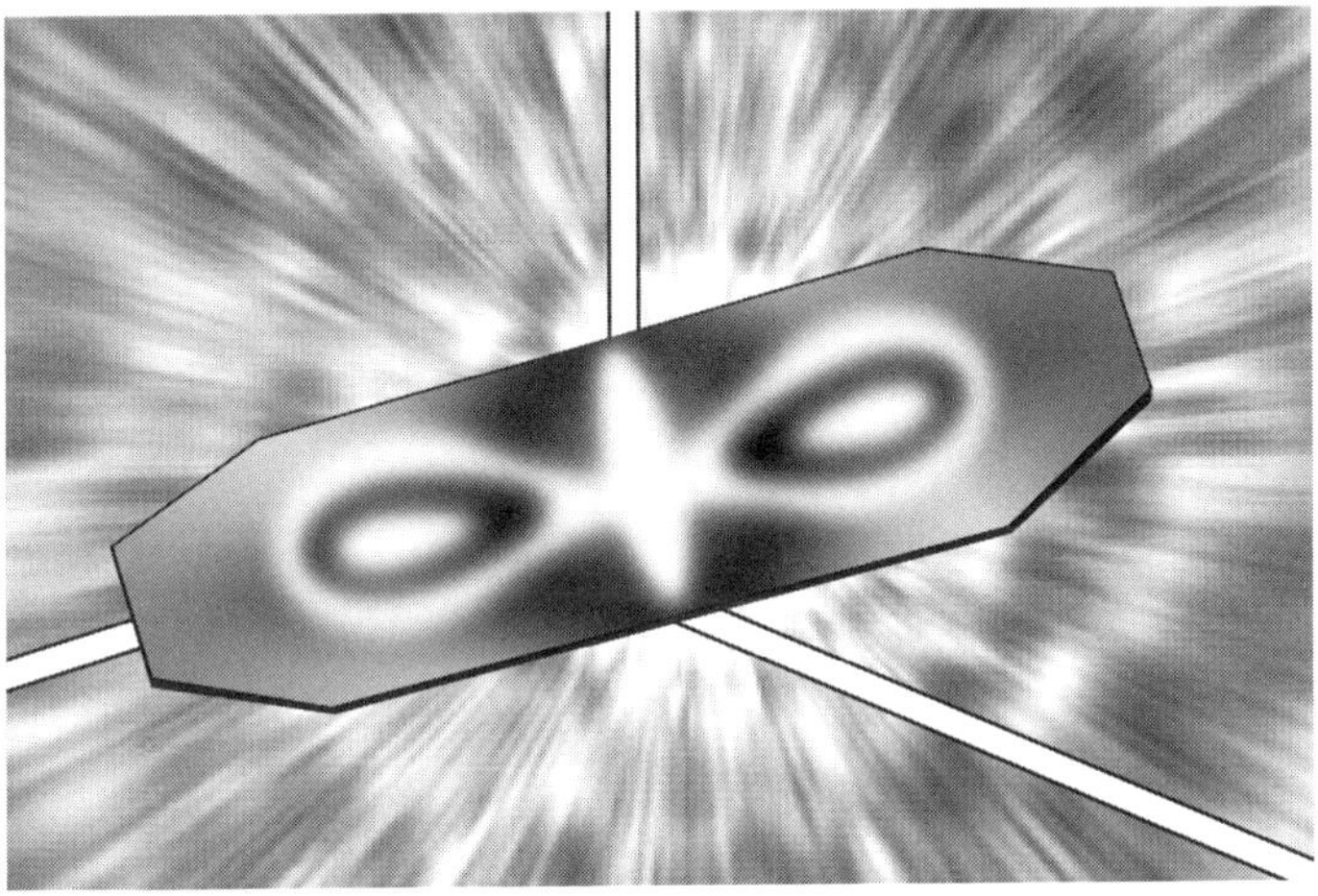

図２　UFO のマユ型の動力スイッチ

浮く感じですね。

その状態で「やや左」とか「やや右」とか念じると、ＵＦＯが動く感じがしてきます。で、そばにはもう一つスクリーンがあって、その小型のＵＦＯがどのように動いているかを映し出しています。多分もう一機、ほかのＵＦＯがいて、撮影しているのだと思います。その映像を見ながら、母船の出入り口の穴に自分のＵＦＯを入れるという、テレパシーによるシミュレーションを繰り返すわけです。そういう経験をします。

ところが、これがかなり難しいのです。しかも失敗すると、ＵＦＯの底から落ちるのです。「すとん」と本当に落下します。それで目が覚めるのです。もちろん寝ているわけではなくて、ずっと意識はあります。でも、落下すると意識がこの世界に戻るのです。

まさしく幽体離脱の状態なのですが、スペース・ピープルはそうではないと言います。感覚テレパシーによる体験である、と。

最終的には、うまく母船の中に入ることができるようになります。すると、次の段階が始まります。

その母船は中規模の母船なのですが、まずは廊下を歩かされます。廊下は天井の低いトンネルのようになっています。面白いのは、歩き始めようと思ったら、もう体が自然に「シュー」と動いているのです。「セグウェイ」みたいに立ったまま移動していきます。

よく見ると、廊下の壁も動いているのです。壁が後方に動いていくような感じです。そのまま移動していると、前方に三つの光があって、「どれかの光に入ることを考えなさい」と言われます。三つの光はドンドン迫ってきます。そこで「えーい、真ん中」と言って飛び込んだ瞬間に自分が三人いるわけです。

強烈な意識の分割体験で知った別世界

布施　それが先ほど言っていた、意識の分割体験ですね。

秋山　そうです。明らかに、その母船の中の植物園とか、町の大通りのようなところとか、機関室とか、蜂の巣のように六角形の多重構造になっているエネルギールームとかを見せられたりします。それと並行して砂漠のような惑星をボチボチと歩きながら、すごくきれいな赤い多重の虹のようになっている空を眺めている自分と、地球に既に戻っていて夜空を見ている自分の三つの自分がいることも意識できるのです。その三つの自分とは、軽く行ったり来たりできるのです（図３）。

だけども「行ったり来たり感があるうちはまだダメです」とスペース・ピープルは言います。「同時に感じなければいけない」と。

この体験は何度もやらされました。そして五、六回やった後、同時に感じられるようになりました。そのときは三つの自分をほぼ等しく感じられました。これは多重多層の世界に同時に自分が存在するというシミュレーションです。

だけどこの経験は、スペース・ピープルのガイドがないとできません。そういう状態にな

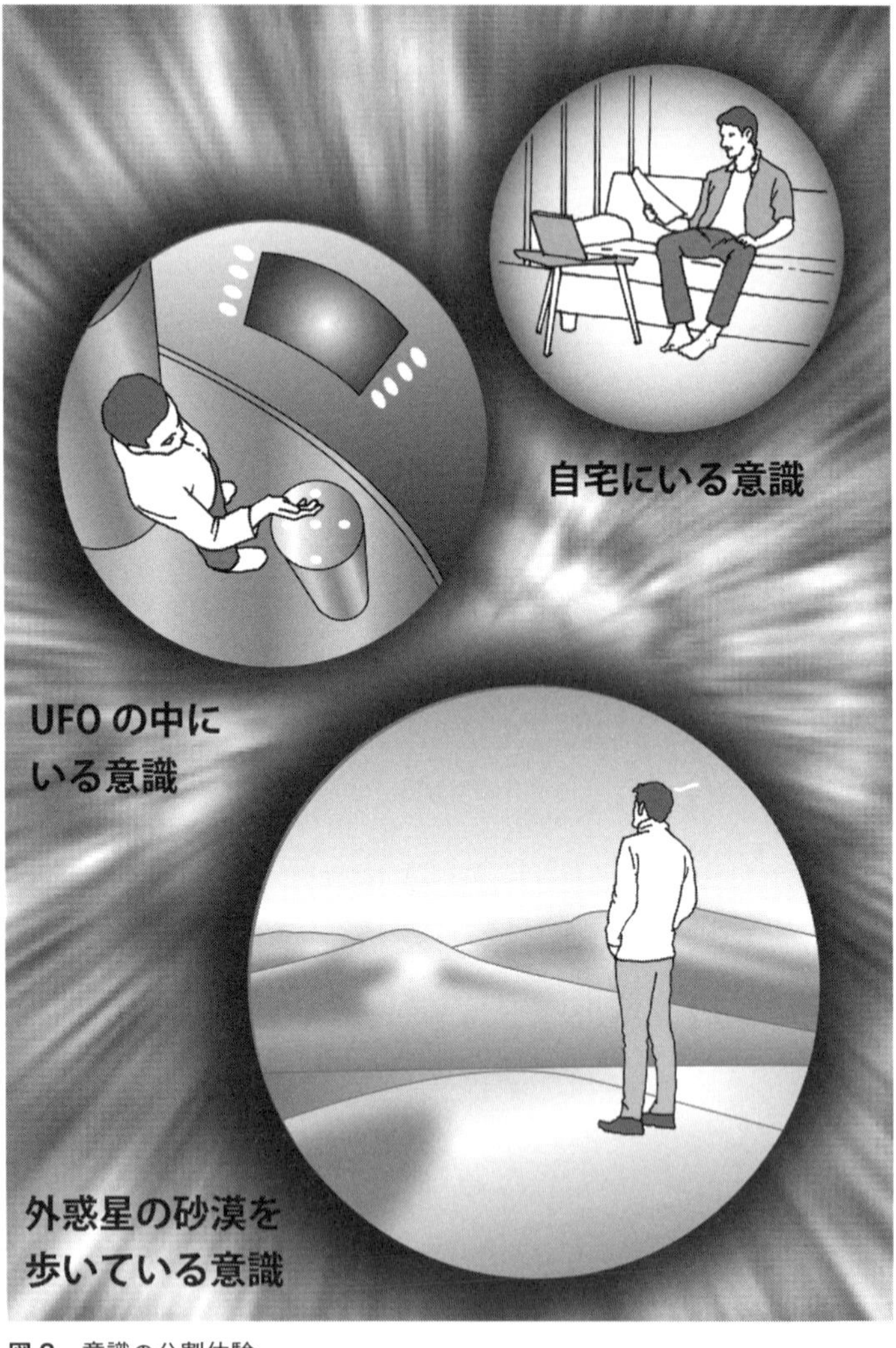

図 3　意識の分割体験

るように、向こうからの導きがないとできません。

だからその経験をした後、地球の自分に戻ると、こちらはすごく薄っぺらでつまらなく感じるのです。それほど、そのインパクトは強烈でした。

私は小さいときから絵を描くのが好きではあったのですが、そのころから絵の作風も変わりました。また、ある一つの概念や疑問の世界に入ると、ガガガガと答えがわかるような経験もしました。でも、それをどう説明していいかわからないのです。答えは最初にわかるけれども、それをわかってもらうための証拠も根拠もないので説明のしようがないのです。

この「答えが入ってくる感覚」は本当に不思議な感覚です。「これが答えだ！」という説明もできないのです。「なるほどね」とわかっているのですが、それを話そうとするとできないので、ものすごくイライラします。同時にこれを話すと、その人がどれだけ理解するかも瞬時にわかってしまうのです。かなりテンションの上がっている状態になるのです。

その興奮状態を鎮めるには、最終的にはもう瞑想するしかありません。ぼんやりするしか方法はありません。

ですから、結構日中はヘトヘトになって、夜はまた宇宙の世界に入って、向こうのリズムで生きるということを繰り返しました。向こうでは宇宙旅行をしたりして、多重多層の自分を体験できますから楽しいわけです。

スペース・ピープルの教育はプロセス重視

布施　どのような宇宙旅行をしたのですか。

秋山　非常に変わったスペース・ピープルの習慣を見ることもできました。巨大な餃子のような形をした粘菌のような、それでいて牛四頭分くらいの大きさがあり、目玉みたいなものも付いている生物がいて、それを食肉として飼っているスペース・ピープルの星に連れていかれたこともありました。なにしろその〝粘菌〟の牧場はたくさんあるのです。

牧場にはプラスチックでできたような柵がちゃんとありました。その粘菌はすごく大人しくて動かないのです。身の一部を切っても怒らないし、切ってもまた生えてくるのです。最初はその生物が粘菌だとは思わなかったのですが、地球上の生物で何か近い生物がいるのかとスペース・ピープルに聞いたら、「粘菌」と言っていました。だからその星では、粘菌を食物にしたり薬にしたりしているわけです。ただし粘菌は毒にもなるそうです。その惑星の住人が粘菌の研究をしたことが、大きな成果につながったわけですね。

日本でも粘菌の研究をした博物学者の南方熊楠《みなかたくまぐす》（一八六七～一九四一）が知られていますが、熊楠は確実にどこかでスペース・ピープルからのテレパシーを受けているように思います。

布施　夜のスペース・ピープルの授業では、ほかにはどのような体験をしたのですか。

秋山　そうですね。スペース・ピープルは、正多面体、特に正四面体を尊重するのです。四個の正三角形で囲まれた四面体を組み合わせると、ＤＮＡのように螺旋《らせん》状になっていきます。この構造とか、もっと複雑な多面体の組み合わせを、スペース・ピープルは非常に注目していることがわかりました。

スペース・ピープルは「形がいろいろなモノと共鳴するのだ」と説明していました。ＵＦＯなどの基本的な動力部ではそうした多面体が使われています。

テレパシーでほかの惑星を見るときは、着陸しないで遠巻きに俯瞰《ふかん》して見ていました。コーンのアイスクリームのように捻《ね》じれた建物がたくさん建っている惑星も見たことがあります。葉巻状の母船が縦に着陸して、そのまま建物として機能している光景を初めて見たのもテレパシーによるものでした。母船が何本も着陸して都市のようになった光景も見ました。

そのとき教わったのが、**母船が円盤状のＵＦＯの集合体であるということです**。母船は円盤が連結してできているのです。だからバラバラにすれば、一つずつ円盤型ＵＦＯになります。

要はいろいろな惑星に母船で都市をつくるのですが、その土地のバイブレーションがおかしくなると、都市ごと移動するのです。みんなの合議で移動します。

ＵＦＯ都市は可動都市でもあるわけです。それがスペース・ピープルの間では当たり前です。都市が同じ場所にずっとあるという感覚はありません。それだけを見ても、まったく地球人の経済とか流通とかと違うことがわかります。

布施　そういうテレパシーを使ったシミュレーション訓練は何年くらい続いたのですか。二年間くらいとか？

秋山　いや、二年ではきかなかったと思います。実質三年以上かかったと思います。夜がメインでしたが、日中でも空いている時間にはしょっちゅう訓練を受けていました。

だから地球では、昼間の学校ではよく寝たし、ぼんやりしている生徒でした。学校の勉強なんか面白くなくなってしまいましたからね。本当に勉強しなかったです。

嘘を教えているとは言いませんが、こちらの学校では何を言っているのかさっぱりわかりませんでした。スペース・ピープルの教育の基礎理念を教わると、地球の学校で教えていることがわからなくなります。それではいけないのでしょうが、そうなってしまいました。

要するに、スペース・ピープルの教育では「２＋３は５である」と最初に答えを教えてから、それはどうしてそうなるのだろうというプロセスを皆で考えさせます。地球の教育のように「２＋３は何か」とはしないわけです。スペース・ピープルは答えをまずちゃんと教えて、結果が出ているから安心している状態にしておいて、プロセスを考えさせるのです。

つまりスペース・ピープルの教育で重要なのは常にプロセスなのです。地球では結果ばかり追い求めさせられます。**実は結果主義こそが最も多くの人を傷つけ、人間の心を蔑《ないがし》ろにするのです。**結果主義だからこそ、権力主義がはびこるし、終末思想が出てきたりするのです。

だから地球人も、プロセスが面白くなるような教育や仕事をしなければいけないのです。それが宇宙的理性というものです。そのことを私はスペース・ピープルの教育から少しだけ学びました。ただ、それがわかり始めたら、しばらくすごく葛藤もしました。地球でいろいろな勉強をするということの「難しさ」との葛藤です。スペース・ピープルの教育を受けると、地球で勉強するのが本当にきつかったです。

そうこうしているうちに、直接コンタクトが始まりました。いよいよＵＦＯに実際に搭乗する段階になったのです。

〝水星人ベクター〟との初めての会合

布施　「直接コンタクト」とは、テレパシーで静岡市の繁華街に呼び出されたときの話ですね。

秋山　そうです。十三歳で始まったコンタクトから二年ほど経ったころです。呼び出されたような気がしたので静岡市の呉服町という駅前の繁華街を歩いていると、向こうから紺の背広に赤いネクタイを付けたビジネスマン風の、妙に気になる男性が歩いてきたのです。

その人はドンドン私に近づいてきて、すれ違いざまに「秋山さんですね」とテレパシーで呼びかけてきました。驚きながらも、私はその人の目を見て無言のまま問いかけました。

「他の惑星からいらした方なのですか」

するとその人は、今度は声に出して「そうです」とはっきり答えたのです。

話があるというので、私たちは近くの喫茶店に入りました。そこでその男性は、自分がスペース・ピープルであり、名前はないが、便宜上「ベクター」という名で呼んでいいこと、そして「あなたが今度この名前を強くイメージしたときには、私はもうあなたのそばにいます」と告げたのです。

その喫茶店で私たちは二時間ほど話し合いました。彼は私のUFO目撃やテレパシー交信体験の詳細を、その日時に至るまで克明に知っていました。まさにUFO側の当事者でないと絶対に知らないはずのことを知っていたわけです。そして彼は最後にこう言いました。

「あなたは、私たちが持っている知識をこれからも手にしたいと思いますか。あなたが望まなければ私たちは提供しません。それと、あなたは自分の向上を考えることができますか」

とっさに私は、「望みます！　考えています！」と答えていました。

この会合があってから、私の本格的なコンタクティー人生が始まりました。これ以降、ベクターは特に私が精神的に不安定になったりすると必ずそばに現れて、私が持つ「恐怖心」を弱める方向へと導いてくれました。

その後の四年間は、特に頻繁なコンタクトが行われました。未来宇宙から来た金星人三名、水星人三名の計六人のスペース・ピープルが入れ替わり立ち代わりコンタクトしてきました。どちらもヒューマノイドタイプのスペース・ピープルで、ベクターは水星人です。

布施　金星人、水星人ということは、その惑星に住んでいるということですか。

秋山　そうです。彼らの基地というか、この宇宙への窓口がそこにあるということです。故郷の星、すなわち母星は別にあります。実際に私も、水星の基地に一度寄ってから、カシオペア座の方角にある、彼らの母星である太陽系外の惑星を訪問しました。

＊　＊　＊

この話は後の章でも出てくるが、一般の読者にはわかりづらいと思われるので、この金星人・水星人問題を私なりに解説しておこう。ジョージ・アダムスキーが金星人と出会い、金星にも火星にも土星にも宇宙人の都市があると主張して以来、地球以外の太陽系の惑星に宇宙人が住んでいるかどうかが議論されてきた。当然、地球の科学界の定説では、金星人も火星人もいないことになっているので、ＵＦＯ否定論者はこれを根拠にして、アダムスキーをペテン師扱いしてきたわけだ。

しかしながら、「定説」というものは、そのときどきの未熟な地球の文明と科学が信奉する迷信や神話を反映したものにすぎないということはご承知の通りである。実際、秋山氏を含む多くのコンタクティーに話を聞くと、アダムスキーの話は真実であり、金星にも太陽系の他の惑星にも都市があり宇宙人が暮らしているのだと終始一貫して主張している。

では、この矛盾をどのように説明するのか。私が現在、そうではないかと考えている仮説は、秋山氏が言うように**多宇宙構造、もしくは並行宇宙を想定する**ことである。現在我々の住む宇宙とは異なる時空間を持つ宇宙が複数、目には見えないが、我々の宇宙と接して交錯しているのだ。スペース・ピープルはこの時空間のまったく異なる並行宇宙から一種の次元調整をして、この地球にやってきているのである。そう考えると、どうしてＵＦＯが最初は半物質・半透明の状態で現れて、しばらくしてから実体化するのかも理解できる。

その並行宇宙の一つが時空間を超越した宇宙であるならば、そこから来るスペース・ピープルは未来人という可能性もある。水星や金星にある都市も、未来の水星や金星の都市であり、そこに住む水星人も金星人も未来人として存在する。未来の地球から来ていれば、それは未来の地球人だ。これが金星人・水星人問題の本質なのかもしれない。

そもそも時空間がまったく異なるわけだから、多宇宙間においては過去も未来もない。ならば別の宇宙に移動するときには、その並行宇宙のどの時空間に意識を合わせるかによって、どの宇宙のどの時空間にも〝タイムトラベル〟できることになる。どれだけスペース・ピープルの科学が発達しているかを知ることによって、未来人かどうかを判断するしかないということになる。

この並行宇宙の問題は追々説明を加えていくことにして、引き続き秋山氏のＵＦＯ搭乗体験へと話を戻そう。

ＵＦＯへの搭乗は大きな式典であり儀礼

布施　直接コンタクトが始まった後のことを教えてください。

秋山　ええ。面白いのは、ＵＦＯ搭乗に至るまでのコンタクトが非常に儀礼的なことです。たとえば、ある特定の場所に来るようにＵＦＯからのテレパシー誘導があります。あるいは、事前にスペース・ピープルとどこかで会って、約束を取り付ける場合もあります。ところが、その場所に行くのですが、向こうが来ないことがあるのです。最初は肩透かしがありました。UFOに乗るのは大きな式典のようなものです。儀礼なのです。そういうテレパシーが来ます。なるべくきちんと乗せたいという思いから、おそらくこちらの心の状態とかを勘案しながらタイミングを計っていたのではないかと思います。実家のそばの静岡県藤枝市の山の中に呼び出されたこともありましたが、そのときはUFO搭乗までは至りませんでした。

最終的には富士山のそばの河口浅間神社の裏手から初めてUFOに乗ることができました。その後は、近くの山の中で乗ったこともありましたし、あちらこちらに呼び出されて、UFOに乗りました。

ところが面白いことに、乗り方のバージョンもいろいろあるのです。たとえば、UFOからの光が当たって、背骨がグキッと多少しびれたようになって、そのまま体ごとスーッと光の中をエレベーターのように吸い上げられて乗り込むことがあります。そうかと思うと、その光の柱の中をドラム缶のような形のものが降りてきて、ドアが開いてそれに乗って乗り込む場合もあります。UFOの底部がパカンと開いて降りてきて、地面から直接入る場合もあれば、UFOの側面が繊維のように分かれて、そこへ入ることもあります。

本当にいろいろなバリエーションがあるのです。梯子《はしご》のような場合もあるし、階段のような場合もあります。ＵＦＯに乗るときの所作には、いろいろな儀礼があるのです。それも「たしなみ」とか教養の一種なのです。最終的には、乗ろうと思ったら、そのような儀礼をやらずに、そのままＵＦＯの中にテレポーテーションできるようになります。とにかくそれまではいろいろな儀礼を経験させられます。

茶室に行くのに踏み石があるようなものです。あの踏み石の間隔は普通の歩幅よりも短くできていて、その踏み石を自在に歩くことによって自分のリズムが落ち着いて茶室に入ります。だからおそらく、そのときどきの私のリズムに合った乗り方を彼らは提供していたように思われます。彼らにとっても、ＵＦＯに迎え入れるときの私の心の状態が重要なのです。

とにかく、どういう心の状態でコンタクトするか、ということが彼らの価値観のうえで非常に重要なのです。その価値観が何よりも大きいのです。だからこそ、儀礼によって微妙に調整していくのだと思います。

またそれに合ったＵＦＯというのもあるようです。ＵＦＯの形にもいろいろありますから。たとえば、棒と棒を交差させた、神社の千木《ちぎ》のようなものが付いたＵＦＯが降りてきたこともあります。

千木のあるＵＦＯを自ら製造

布施　円盤に千木が付いているのですか！

秋山　そうです。まるで神社の千木のようなものが付いています。円盤の片側にアンテナみたいなものが付いているＵＦＯも見たことがあります。そのアンテナの角度がときどき変わったりします。また、紐《ひも》みたいな、細い金属の繊維を撚《よ》ったロープをアースみたいにして地面に垂らしているＵＦＯを見たこともあります。ほかに変わったものとしては、母船なのですが、羽が付いているのもありました。カタカナの「キ」のようなＵＦＯも飛んでいます。

彼らはそうしたデザインのＵＦＯをいくらでも製造することができます。自分たちの想念でＵＦＯを造ってしまいますから。

地球で航空機を製造するときのように、ボディの形が決まっていて、流線形でないといけなくて、「そこに二十人乗るから、この窮屈な椅子で我慢してね」というようなデザインではないわけです。彼らは自分たちのライフスタイルに合った形のＵＦＯが造れます。

空気抵抗とか重力とかとはまったく関係なく、空間を切り裂いて、というか空間を切り貼りするようにして飛ぶこともできるのです。だから我々の想像を超えた形のＵＦＯが現れることがあるのです。

中でも非常に不思議だったのは、こんにゃくを大きくしたような、長方形の直方体のＵＦＯと遭遇したことです。お弁当箱みたいな形で、漫画家・水木しげるの妖怪風に言えば、〝飛ぶぬりかべ〟です。しかも飛んできたときに後ろの星が透けて見えたのです。輪郭は黒っぽいのですが、真ん中の辺りが透明で背後の星がはっきりと見えました。乗ったことはありませんが、かなり大きいＵＦＯです。ほかには薄い鉄板のような巨大ＵＦＯも見たことがあります。

そういうものを見ると、彼らはアーティスティック（芸術的）に空を飛ぶのだということがわかってきます。そういう自由さがあることを我々に教えているのです。

私も最終的には、想念と連動する金属を使って〝マイＵＦＯ〟を造りました。

布施　秋山さんもマイＵＦＯを造ったのですか！

秋山　全部で四機ほど造りました。そのうちの二機は今でも自分の周りに滞空させています。残りの二機は向こうのサンプルとして保存されています。正確に言うと、二機は連動しています。母船の中の一機と近くに滞空している小型機は連動していて、ペアになっています。ＵＦＯは二機でセットです。常に母船と連動するような仕組みになっています。

ただし私が造ったのは、自家用機のような、人が乗って飛べるＵＦＯではなく、あくまで

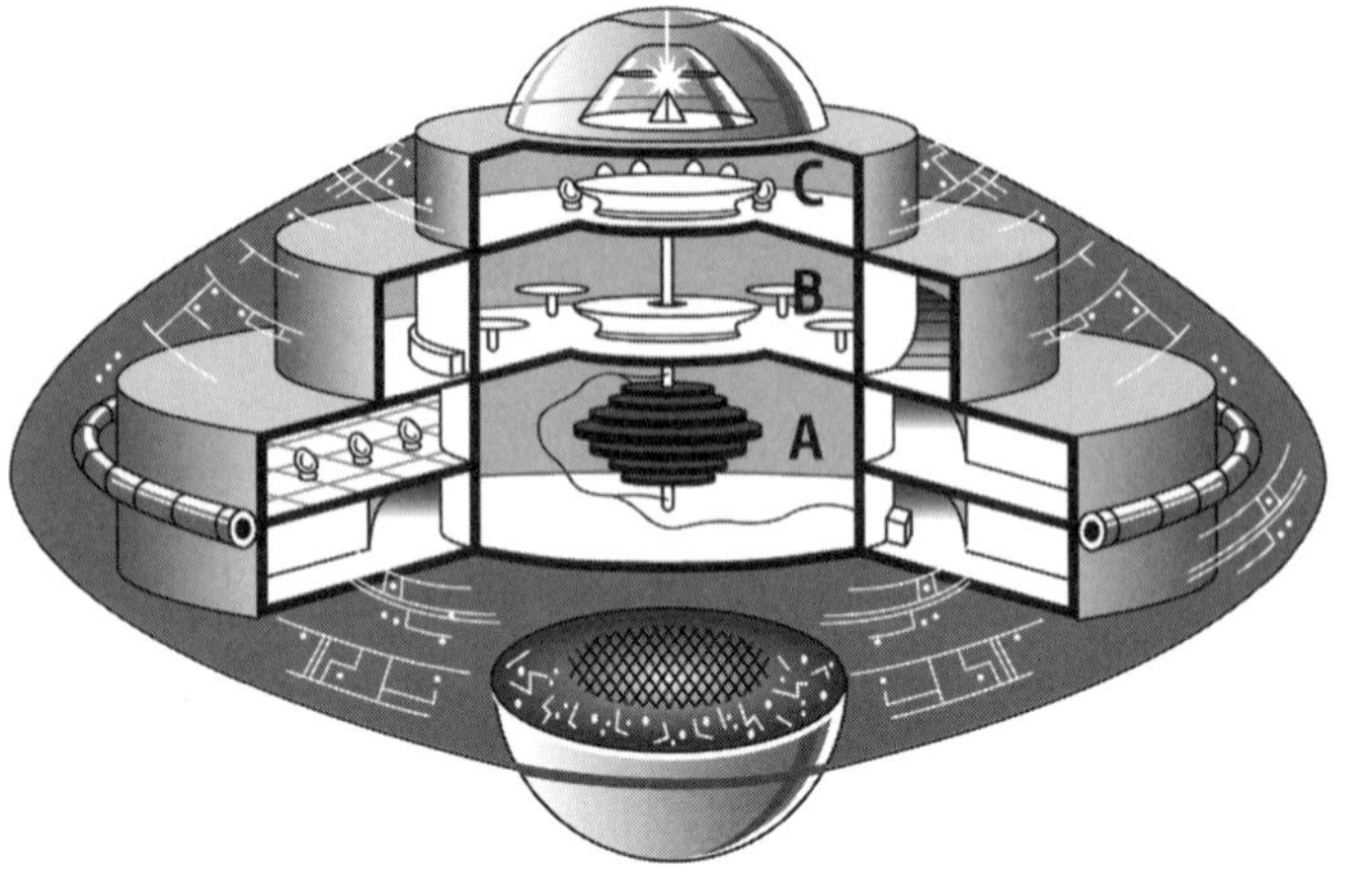

図４　直径50メートル級の金星人の司令船
Ａ動力部　Ｂコントロールセンター　Ｃ会議室

交信用、連絡用のＵＦＯです。

布施　いったいどのような形のＵＦＯを造ったのですか。

秋山　私は千木のあるのが好きで、ベルのようなボディにして上に三つ棒が交差している形のＵＦＯを造りました。それを一つ造って、もう一つは単純でヌメーっとした、きれいなレンズ型のＵＦＯです。

　でもやはり一番格好のいいのは、四〇～八〇メートルの大きさの「司令船」（図４）と呼ばれている何人か乗れるＵＦＯです。そろばんの珠《たま》のような形で、上と下に丸い出っ張りがついています。上のドームのところは瞑想室になっています。そこからは外の宇宙も見えます。本当に格好のいいＵＦＯです。

母船の中にあるのは小宇宙そのもの

布施　ＵＦＯの母船に搭乗したときは、どのようでしたか。

秋山　母船は本当に巨大です。感覚テレパシーで母船に呼ばれたときは、母船の外周を歩き回ることも許されました。ただし母船の両端は歩けません。というのも、両端はものすごくエネルギーが出入りしているからです。端の方に行くと、ピュッと中に吸い込まれて、また中に戻ってしまいます。

ですから中央部でしたら普通に歩く感覚で母船の外側を移動できるのです。そこから見る宇宙はものすごく静かでした。奥行きがどこまであるかわからなくて、本当に不思議な感覚でした。

その後、実際に乗ったときの母船内部の絵をお見せしましょう（図５）。母船内部は巨大な空間になっており、そこに大きさはバラバラの、クリスタルのような半透明の巨大な球体がいくつも浮かんでいるのです。それぞれの球体の中に町がそのまま入っています。当然、建物もその中にあるわけです。

布施　この球体の中に一つの町がそのまま入っているのですか！　しかもそれがいくつもあ

図５　秋山氏が描いた母船の内部　母船内部にはクリスタルのような半透明の巨大な球体がいくつも浮かんでいる。それぞれの球体の中に町がそのまま入っている。その間を不揃いに枝分かれしたパイプが通っていて、その中を歩くことができる。

る！

秋山　そうです。で、ユニークなのは、母船内には不揃いに枝分かれしたパイプ状の通路があり、皆この中を歩いて移動するのですが、少し浮いたようになって速く移動することも自由自在にできるのです。このパイプ状の通路は外から見ると金属的で中が見えないようになっているのですが、内側からは外が透けて見えるのです。

また、通路はクリスタ

ルの球体に直接つながっているのではなく、球体に入るときは、通路内にあるＵＦＯ発着場から小型円盤に乗り込んで、瞬間移動するようにすぽっと球体の中に飛び込むのです。

布施　スペース・ピープルの母船は想像を絶する世界です。球体を惑星に見立てると、まるでミニ宇宙空間がそこにあるように見えます。

秋山　そうです。まさに母船の中に小宇宙があるようなものなのです。

ＵＦＯに乗って知った「驚くべき宇宙」

布施　ところで、ＵＦＯに搭乗するようになってから、操縦法を習ったのですか。

秋山　ＵＦＯの操縦法は、実際に乗る前にテレパシー・シミュレーションで既に習っていました。だから実地にするときには、普通にリアルに操縦できるようになっているのです。もう操縦できてしまうのです。

で、実地でも何人かで操作する宇宙船の操縦もやります。母船の長老に混じって十二の操縦席に座って、母船のコントロールまでやりました。それはもううれしくてしょうがなかったです。それから私の故郷の星に行くトレーニングを受けました。私が直接ＵＦＯに乗ることの目的は、私の故郷の星に行くということだったのです。

布施 その間、いったいどれだけUFOに搭乗したり操縦したりしたのですか。

秋山 二百回くらいですかね。そのうち半分くらいは地球外に出掛けています。太陽系の惑星もだいたい行きました。確かUFOに乗って、地球のコンビナートの上を飛んだだけの場合もありました。

UFOで海の底に潜ったこともあります。そのときは日本海溝に入りました。スクリーンに外の様子が映るのですが、光で照らさなくともドンドン画面を明るくできるのです。多分、カメラか何かの解像度を上げているのだと思いました。そのスクリーンで見れば、たとえば岩盤なんかも透けて内部を見ることができるのです。

布施 岩盤も透けて見えるカメラですか。すごいテクノロジーですね。

秋山 まあ、UFO自体も岩盤を透過してしまうわけですから、当たり前と言えば当たり前なのでしょうね。でも地球も面白かったですが、やはり自分の故郷の星が一番面白かったです。

布施 その故郷の星というのは、今でも多くのスペース・ピープルが生活しているのでしょうか。

秋山 生活しています。その星はカシオペア座の方角にある星です。カシオペアの「W」の真ん中の星の傍《かたわ》らに見える星です。その惑星に行ったのは一回きりです。実質二日間そこに滞在したのですが、地球に帰ってきたら二時間しか経っていませんでした。

故郷の星は本当に静かでした。静かだし、人同士の交わりが淡いのです。それというのも、お互いの気持ちがすぐにわかってしまうからです。余計なことを言ったり感じたりする必要がないのです。つまり伝えるロスがないのです。彼らは軽く会釈するだけで、すべてを伝えてきます。

そこにあるのは、完全無欠のテレパシーの状態です。だから全部親戚です。人口も結構少ないような気がしました。大家族が同じ家に住んでいました。

布施　大家族というのは何人くらいの家族なのですか。

秋山　数百人です。巨大な、ネジネジのアイスクリームのような形をした塔にみんな住んでいます。もう我々から見ると無茶苦茶です。とにかく彼らには家族間葛藤みたいなものがまったくないのです。一番楽しいのは家族で住むことだ、みたいな感覚を持っています。テレパシーですべてがわかり合えるのなら、そうなるのかもしれません。わかり合える深さから言えば、家族が一番わかり合えるわけですからね。

布施　確かに、地球人の場合は、わかり合えないから葛藤が生じる場合が多いですね。でも、結婚するとどうなるのでしょうか。

秋山　結婚の儀礼は確かにありますが、お嫁さんの実家に行くか、自分の実家で暮らすかも自由なのです。完全に自由です。当然、行ったり来たりもできます。

布施　その惑星ではほかに何を見たのですか。

秋山　とんでもないリゾートがありました。いろいろな形のリゾートがあるのです。海中リゾートもあれば、山の中のリゾートや地中のリゾートもありました。地中リゾートでは様々な鉱物を生で見学するツアーみたいなのもありました。

一番すごかったのは、宇宙空間と大気圏のギリギリのところでまで小型のＵＦＯで出ていって、「ポスポス」というサーフィンのような遊びをしていたことです。これは自然のバリアを自分の周りに張り巡らせて、自分自身で大きなシャボン玉のような〝宇宙船〟を形成して、想念力によって飛び回る一種のスポーツです。大気圏外ギリギリのところまで飛び出したかと思うと、一気に降下するなど自由自在に飛び回ります。大きなシャボン玉の中に入って滑空するパラグライダーです。そのシャボン玉は、中に入っている人のオーラに呼応して色とりどりに光ります。たくさんの光が乱舞する姿は本当にきれいでした。

布施　そのような驚愕の体験をした後、地球に戻るのが嫌だったのではないですか。

秋山　いや、そうではなかったのです。逆にその惑星に滞在した二日目くらいから、そこで暮らすことが本当に嫌になったのです。そのことが半分ショックでした。数々の儀礼を経て、大変な思い入れもあってその惑星に行ったのに、静かすぎて気持ち悪いのです。向こうではみんないい人たちばかりで、私のこともよくわかってくれます。だけど、「すいません。僕はバイブレーションが低いのか、もっとスリリングな暮らしの方がいいです。この星には刺激がないのです」という感じになったのです。

そのことをちらっと言ったら、スペース・ピープルは「そうだろう。だから君は地球に住んでいるんだよ」と言うわけです。「君にとっては地球が一番楽しい修行体験の星なんだよ。地球で強い刺激を受けながらも、想念をうまくなだらかにしていくことを自分のペースで研究するには、地球が一番適しているのさ。それが地球の良さだよ」というスペース・ピープルのアドバイスを受けて、私も「ありがとうございます。地球に戻って、地球の良さをつかみ直そうとしてみます」と告げて、地球に戻ったのです。だけどしばらくはへとへとな状態になっていました。

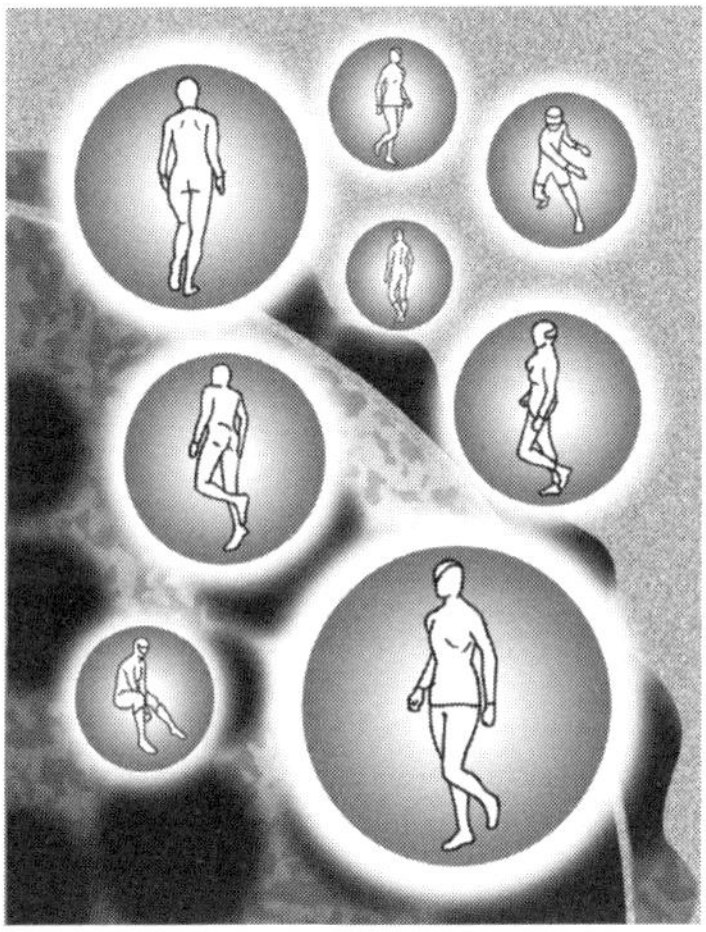

図６　ポスポス

想念で操縦するUFOの秘密

布施　実際のUFO操縦をするときに、事前に何か想念のテストのようなことをすると聞いたのですが、あれはシミュレーションのときだけですか。

秋山　実際の操縦のときもやります。毎回操縦するたびに、簡単な想念の準備体操みたいなことをします。まず操縦席は金属でできているのですが、座った瞬間に自分にほどよくフィットするように形が変わります。次に、前の壁からパネルが浮かび上がってきます。「作動」と念じた瞬間に、目の前の空間に四角い形のスクリーンが浮き出てくるのです。スクリーンの表面は、クリスタルでできた光沢のある液晶テレビのように見えます。

そのスクリーンのパネルには、円形のボタンが三つ出ています。このうち一つが「当たり」なのですが、その当たりのボタンを押すのではなく、他の二つのボタンを消去法的にうまく押せればいいのです。このテストを六回繰り返して一度も当たりボタンを押さなければ次のステップへ進めます。失敗したらUFOを操縦することはできません。

第二段階では、今度は十〜十二個のボタンがパネルに現れます。今度も消去法でドンドン「外れ」のボタンを押して、最後に一つだけの「当たり」のボタンが残ればいいのです。第

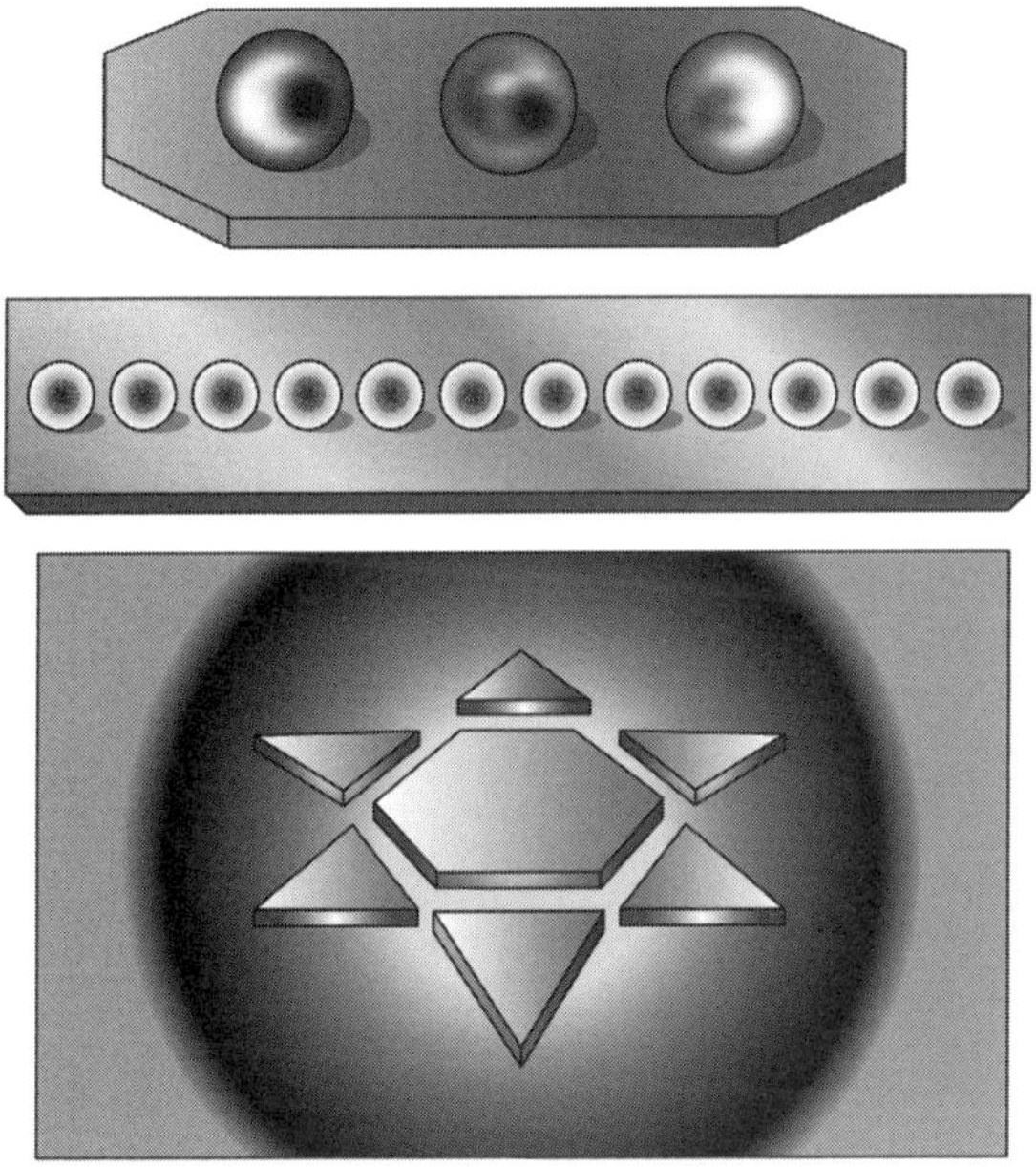

図７　UFO 内の操作パネル

二段階では、このテストを二回クリアしなければなりません。

第三段階では、ダビデの星形のボタンが出てきます。六角形の部分と外側の六つの三角形の合計で七つのボタンがあるのですが、同じように消去法で一つだけ当たりのボタンを残せばいいのです。これは一発勝負です。しかも精神をしっかり落ち着けて選ばなければ、たとえ当たりのボタンを消去法で的中させても、気持ちの高揚など精神に乱れがあれば別のセンサーに感知されて、すべての装置がシャットダウンしてしまうのです（図7）。

布施　地球人からすれば、かなり厳しいテストですね。

秋山　そうですね。でもこれらのテストは楽にクリアしなければなりません。で、実際の動力スイッチが先ほど説明したマユ型の図形です（71ページ参照）。この図形に精神を集中させると「ドゥウン」という重低音とともにＵＦＯのメインスイッチが入る仕組みです。

メインスイッチが入ると、今度は操縦用のハンドルが二つ出てきます。ハンドルといっても、ゲージの付いたパネルです。

一つは扇状ネオン管が並んだようなパネルで、光がワイパーのように動いて精神の集中度がわかるようになっています。リラックスすればするほどワイパーの動きは速くなり、やがて盤面が変化して同心円状の画面が現れます（図8）。

もう一つは、直角の線が両側から出てきて、それらが重なったり交差したりすれ違ったりします。このとき感情を揺らさずに「ＵＦＯでどこにどれくらいの時間で行って、何をしたいか」ということをありありとイメージします。明確な目的を描けないと、ＵＦＯはピクリとも動きません（図9）。

逆にそのイメージが明確になればなるほど、ドンドン直角の線の動きが速くなり、自分の中でイメージが確定して精神が完全に落ち着いた瞬間、ＵＦＯは勢いよく飛び出します。あ

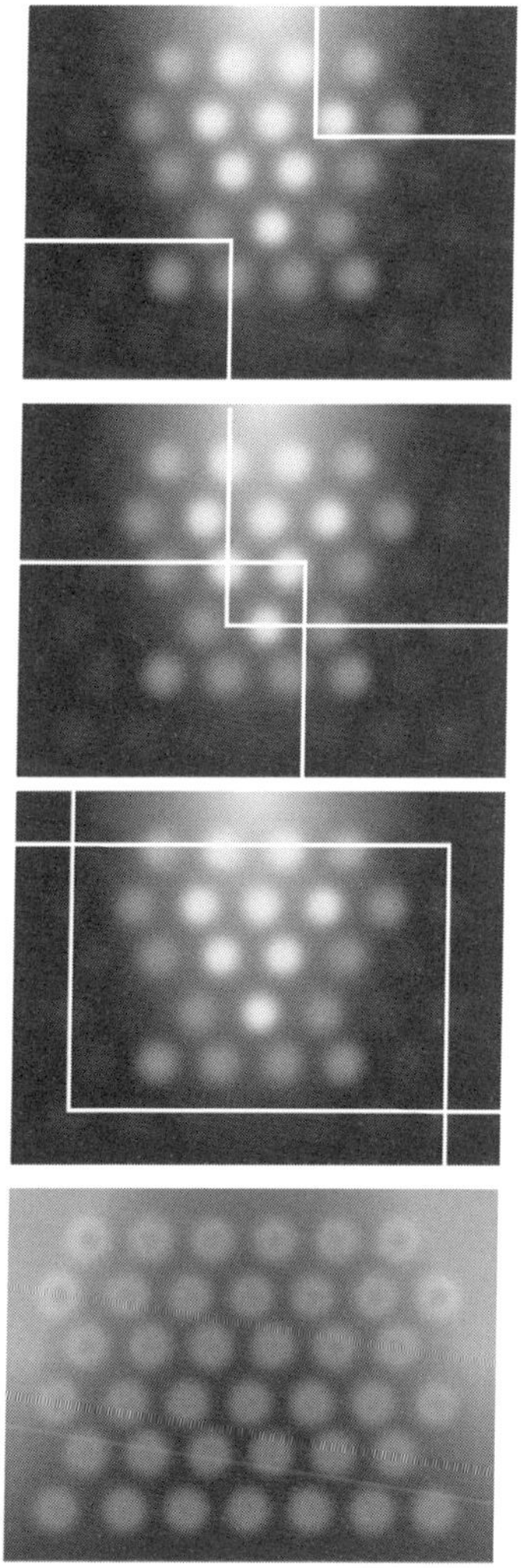

図９　直角の線が交差するパネル

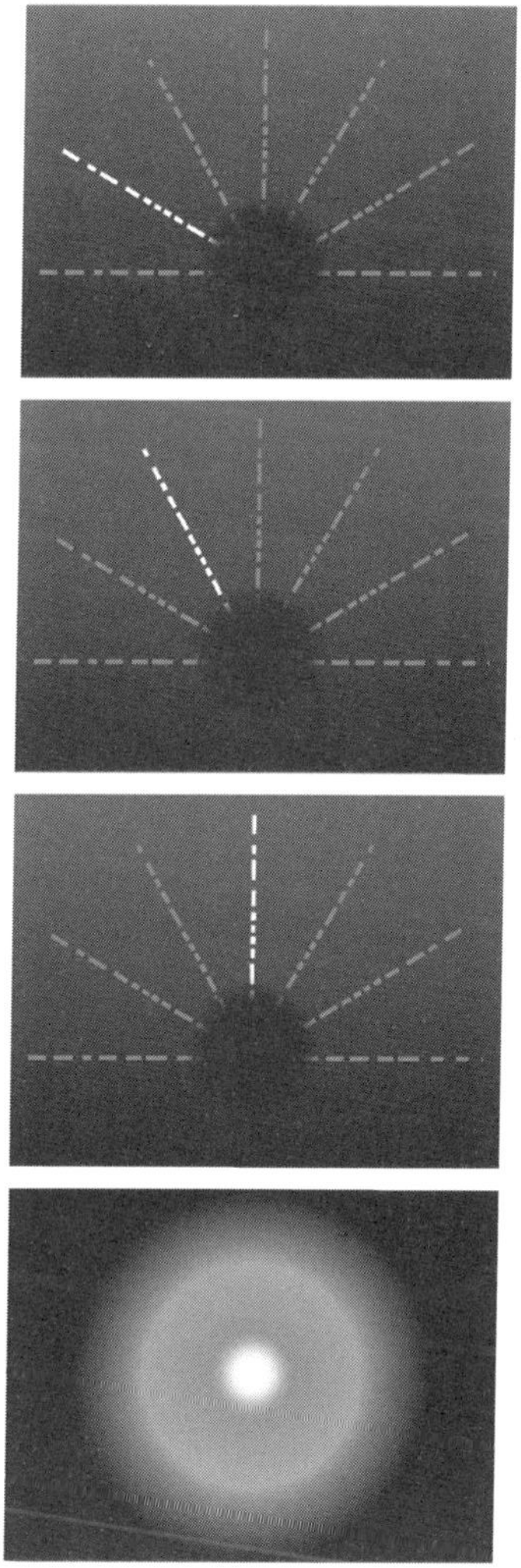

図８　扇状ネオン管が並んだようなパネル

とはＵＦＯがすべて自動的に目的地まで運んでくれます。ＵＦＯの方で最短・最適なルートを勝手に選んでくれるのです。

金星系ヒューマノイドの**宇宙人エル**（１２３ページ参照）は宇宙船を動かす際、まず宇宙意識とつながります。円形の中央にそういう装置があって、皆で囲んで、まず宇宙意識とつながるセッションがあります。瞑想するとかではなくて、ある時間そこにいるだけで、宇宙の意識がわかるのです。質問をすると瞬時に答えが返ってきます。その答えをその場にいるスペース・ピープルは完全に共有できます。そうした所作を経て、目的を明確に共有するわけです。

ＵＦＯは一人乗り用もありますが、基本的には三人で操縦します。最小単位は三人で一組です。だから三人の目的意識をはっきりさせることが重要なのです。

このようにＵＦＯは完全に思念によって操縦されます。操縦者の精神状態が弛緩集中状態になっていなければ、ＵＦＯは動いてくれません。そのため、先ほど説明したような精神状態をチェックするテストを最初に受けるわけです。

物心一体の科学とシンクロニシティの符合

秋山氏が操縦したという「想念で動くＵＦＯ」――しかも精神を集中弛緩（リラックスしつつも集中している状態）させ、旅行の目的を明確に持たないと動かないという。何というテクノロジーであろうか。秋山氏が語るＵＦＯは、まるで知性を持った生物のように想念と連動して動く。おそらく物心一体の科学が生んだ結晶として、ＵＦＯは存在するのであろう。

では、いったいどのようなメカニズムで動くのか。

残念ながら、現在の地球の科学では及びもつかない動力メカニズムがそこにあるような気がしてならない。唯一考えられるのは、シンクロニシティ現象と同じ原理が働いているのではないかということだけである。

シンクロニシティとは、スイスの心理学者カール・グスタフ・ユングが名付けた現象で、通常の因果律《いんがりつ》を超越して発生する「意味のある偶然の一致」のことである。つまり、こういうことだ。普通なら「ボールを投げたから飛んだ」とか「ガソリンを燃焼させて、それを動力源にして車輪を回転させるので自動車は動く」といった物質的因果律によって現象は起こる。ところが、思っただけで、その想念と関連する現象が自分の周囲で発生する場合がある。

その人の心の状態を反映したような現象が起こるのだ。

たとえば有名なケースは、「スカラベ（コガネムシを象《かたど》った古代エジプト人の装飾品・護《ご》符《ふ》）」のエピソードだ。スカラベをもらう夢を見たという女性患者がユングにその話をしたところ、ちょうど窓にスカラベに似たコガネムシが飛んできた。ユングがそのコガネムシを、理知的すぎて心を開こうとしないその女性患者の目の前で捕まえて、「これがあなたの夢に出たスカラベですよ」と言いながら手渡したところ、心を開くようになったというものだ。

このエピソードには、スカラベの話をした途端にコガネムシが飛んでくるという意味ある偶然の一致がある。またコガネムシは古代エジプトでは再生のシンボルであった。そのコガネムシを夢と現実でもらうという経験は、その女性患者が生まれ変わるという同じ意味を表す象徴的な出来事でもある。つまりユングは、シンボル的な意味の一致が偶然のようなありえない現象を引き起こしていると考えたわけだ。

このような現象は、私自身も多く経験している。「噂をすれば影がさす」など、おそらく読者の皆さんも同じような経験があるはずだ。

しかしこの現象は、実在することはわかっていても、メカニズムが解明されたわけではない。それでもある程度の法則性はわかっている。詳しくは秋山氏との共著『シンクロニシティ「意味ある偶然」のパワー』（成甲書房）を読んでいただきたいが、簡単に言うとこういうことだ。明確な目的を定め、それを潜在意識に確信を持って流し込むと、その目標が達成されたり、達成されやすくなるような現象が身の回りで起こり始めたりするのだ。

秋山氏が操縦したＵＦＯも、明確な目的を定め、心の状態を安定させて弛緩集中することによって目的地に到着するという。この所作がシンクロニシティを起こす条件とそっくりだ。ある一定の条件を満たした思念が、時空を超えた現象を引き起こすのではないだろうか。

この現象には、時空間を超越した因子の介在が想定される。意味によって引き寄せられたり発生したりする因子がこの宇宙に存在するのだ。この因子に関連した話は次章以降にも出てくるので、ここではこれくらいにしておこう。

では、さらに秋山氏のＵＦＯ体験について聞いてみよう。秋山氏はＵＦＯの操縦のみならず、ＵＦＯを製造したこともある。いったいどのようにして造ったのか。

想念によって形を変える金属素材

布施　ＵＦＯの製造方法について聞きますが、場所はいったいどこで造っていたのですか。母船の中とか？

秋山　場所はどこかわかりませんが、最初はテレパシーによるシミュレーションで造り方を見ました。まず光の線がピーと出ているところにオシログラフみたいな波形が現れ、人の輪郭や町並みのスカイライン（輪郭線）を見せられます。

そのうち空間の両端の方からピーンと光が引っ張られるようにして現れ、ピュンとくっつきます。すると、チリチリチリっと線の中央付近に光源が出現します。それが段々、真ん中がくびれた二つのレンズ状の光源になって膨らみます。やがて、その二こぶの光源が光の線を軸にして立体的に回転し始めると、金属質の物体に変化します。さらに高速で回転を続けると、二つのレンズ状の物体はパカッと二つに分かれて、二つのクリ状の物体ができ上がるのです。これがＵＦＯのタネ型です。大きさはだいたい直径二、三メートルくらいでしょうか（１０７ページ参照）。

このタネ型は、水銀のような金属でできており、色はアルミの色に似ていて、非常に軽い金属です。映画『ターミネーター2』に水銀のような物質でできた変幻自在のアンドロイドが出てきますが、あの素材にそっくりです。想念によって結晶化したり流動化したりするようです。

布施　ＵＦＯの素材は、想念によって液体になったり固体になったりする金属なのですか。

秋山　そうです。精神に反応する金属です。超古代史に出てくる「オリハルコン」とか「ヒヒイロカネ」といった不思議な金属も同じ金属のことかもしれません。

たとえば、この金属を使ったＵＦＯを作動させると、その瞬間に金属の感触が変わります。それまでのざらついた感じがまったくなくなり、見た目にもつるつるになります。触ろうとすると、反発し合う磁石と磁石のような妙な感じになります。

そのことをスペース・ピープルに聞くと、「ＵＦＯが作動すると、金属の粒子一つ一つが、非常に強い特殊な重力場を持つようになる。実際には君の皮膚細胞と金属は触れていないのだ」と説明していました。スペース・ピープルによるとこの金属は、ＵＦＯが作動してからはミクロレベルでは接触できなくなるというのです。地球の科学用語を使うと、電荷を持たない中性の素粒子であるニュートリノに近いようです。

さらにその金属について私が問いただすと、ＵＦＯに使われている金属は「純粋重力物質」で、地球にもその中心核に存在し、ブラックホールなどにもたくさんあるのだとスペース・ピープルは説明していました。その物質はテレポーテーションしないと採取できないとも言っていました。

ろくろを回すようにしてＵＦＯ製造

布施　タネ型ができた後はどのような工程をたどるのですか。

秋山　こうしてできたタネ型は、製造工場にある大きなすり鉢のようなところに集められます。

　そのタネ型に、金属のホースのようなものが上から降りてきてくっつくと、キラキラ光る粒子が注入されます。すると、まるで風船を膨らますように激しく発光しながらシューっと膨らみます。おそらく一〇メートルから二〇メートルくらいにまで大きくなります。そして水銀のような金属が固まると、ＵＦＯらしい形体がしっかりとでき上がっています。

　注入された粒子が何なのかはわかりませんが、わかっているのは、内側にコーティングする金属と外側にコーティングする金属が違うということです。最後に、外側からテレポーテーション操作によって、計器やシステムを組み込んででき上がりです。

布施　そうした作業は想念でやっているのですか、それとも機械的にやっているのでしょうか。

秋山　全部が想念的な感じがしました。先ほどお話ししたように、そもそもＵＦＯの原料で

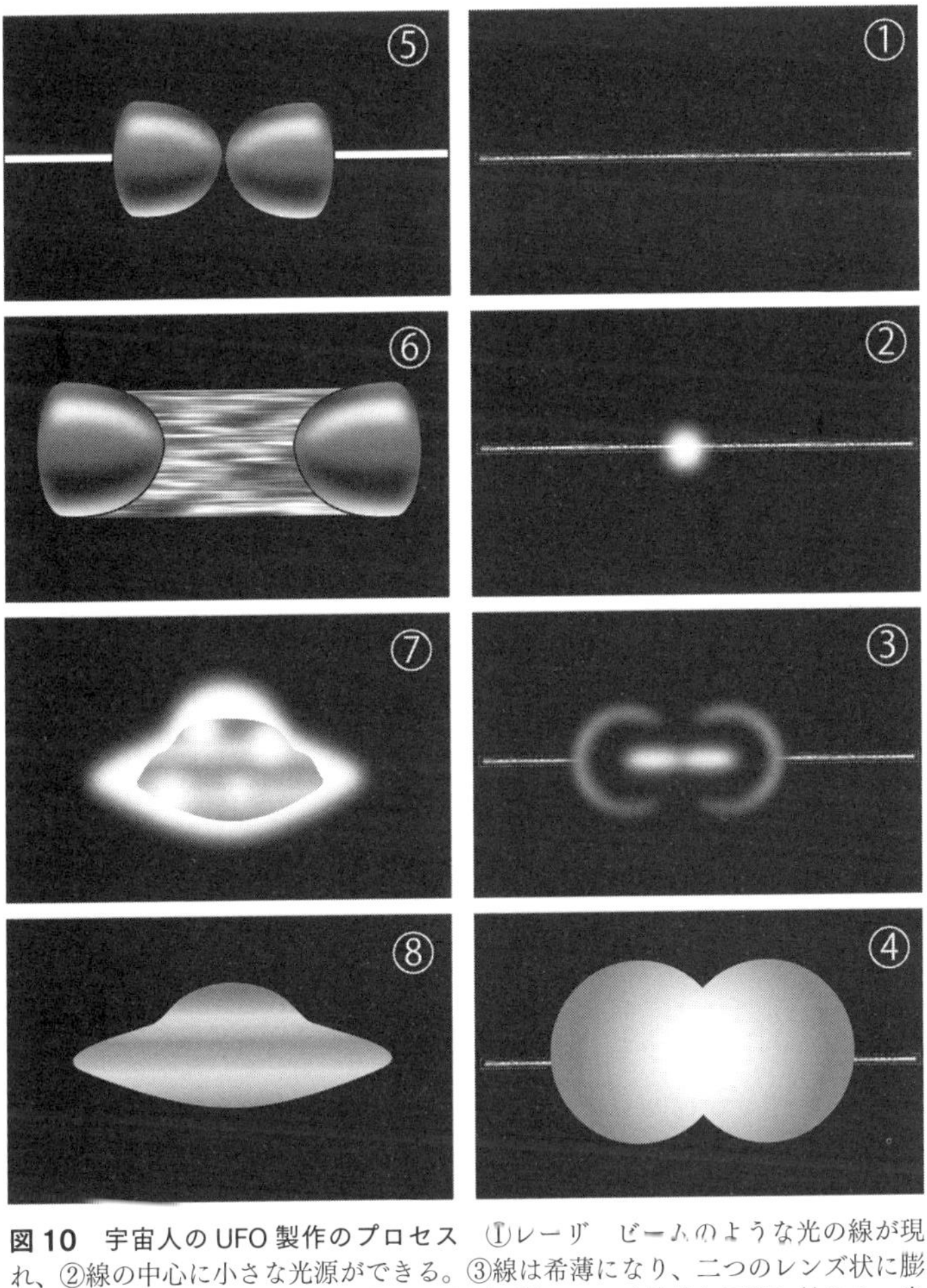

図10　宇宙人のUFO製作のプロセス　①レーザービームのような光の線が現れ、②線の中心に小さな光源ができる。③線は希薄になり、二つのレンズ状に膨らむ。④全体が激しく発光し、⑤その光源が膨らんで立体的に回転し始める。光源は金属質の物体に変化し、⑥二つの栗のような形になって分かれる。⑦栗状のタネ型が風船を膨らますように発光し始め、⑧UFOらしい形態に変化する。その後、外側からテレポーテーション操作により、計器やシステムが組み込まれる。

ある物質は、想念に反応する水銀のような物質なのです。

布施　では、秋山さんが実際にＵＦＯを製造した場所はどこだったのですか。

秋山　場所はあまり関係ないようです。ＵＦＯの製造工場は基本的には彼らの惑星のどこかにあるのだと思います。でもどこにいてもテレパシーで遠隔操作できますから、シミュレーションと同じように製造できるのです。だから工場には人がいる感じがしません。やたら無人で遠く離れたところから見ているという感じでした。

布施　ろくろを回すようにしてＵＦＯを製造したとも書かれていますが。

秋山　ええ、そういうプロセスを体験したこともあります。先ほどのＵＦＯ製造過程に似ていますが、軸を思い描いて、その軸に沿ってドーナッツ状の物体をイメージし、それを回転させながら引き延ばすなどしてＵＦＯの形を形成する作業のシミュレーションです。

すべて想念でやりますから、我々がろくろを使って器をつくるときに、ちょっと手が狂うとグニャグニャになってしまうのと非常によく似ています。ちょっと気持ちが乱れるとグチャグチャになってしまいます。とにかく落ち着いた、調和の心がないとうまくいきません。ですから、母船を造るなどというのは本当に大変なことだと思いました。スペース・ピープルも何人かで協力しないと、あのような大きな母船は造れないのではないかと思います。

布施　なるほど、いろいろなＵＦＯ製造法があるようですね。

秋山　ええ、でも基本的にはＵＦＯは二機で一セットです。巨大な母船も二機でセットです。だから製造工程でも一つの「光源」からクリ状のタネ型を二つに分けて造るわけです。

布施　なぜセットでなければいけないのでしょうか。

秋山　何か理由があるはずです。片方はどこかで共鳴していて、別のところに置いておく必要があるようです。宇宙のどこにいても絡み合っている双子の粒子みたいなものなのかもしれません。ですから鏡餅を見ると、ＵＦＯの製造過程を知っている人が作ったのではないかとつい思ってしまいます。あれも大きなのと小さなのとのセットですよね。

いずれにしても、ＵＦＯを製造するには、物質と想念が連動するという現象の解明が不可欠です。だから私たちも、想念が物質に与える影響をもっと研究するべきでしょう。「ボルトとナット」でＵＦＯを造ろうとしても無理なのです。

第3章

スペース・ピープルが教えてくれた宇宙の法則

三重の円と卍が示す想念の法則

想念に反応して形を変える金属や思念で動くＵＦＯ――スペース・ピープルが築き上げた物心一体の科学は、我々の想像をはるかに超えている。我々がその科学の域に達することは一朝一夕にはできないかもしれない。だが、秋山眞人氏がスペース・ピープルから教えてもらったという宇宙の真理や法則から、地球の科学が進むべき方向が見えてくるのではないだろうか。

ここからは、スペース・ピープルから伝授されたという宇宙の法則や、彼らの科学技術、哲学などについて、秋山氏に大いに語ってもらおう。その話の節々を丹念に読み解いていけば、スペース・ピープルが発達させてきた想念を重視する物心一体の科学文明の真実の姿が浮き彫りになってくるはずだ。

布施　まず、スペース・ピープルが教えようとしている宇宙の法則の謎に迫ろうと思います。これまでの話からすると、自分が放つ想念に関する理解が地球人には足りないような気がします。

秋山　想念がどのような影響を与えるのかを理解するのは非常に重要なことです。まず簡単な例から始めましょう。

想念から波紋が広がっていくのです。それに関連してスペース・ピープルは、三重の円を我々によく見せます。**三重の円は重要なシンボル**です。それと**卍**、**スワスティカ**です。特に卍の変則形、縦の線だけ長いとか、横の線だけ長い卍も見せられます。

元々三重の円というのは、日本のＵＦＯ研究家でも太陽円盤であり古代シンボルとしてよく刻まれているという解釈をしている人もいるぐらいですが、太陽と考えてもＵＦＯと考えてもどちらでも間違いではないと思います。というのも、どちらもそこから輪が広がっていくものだからです。それがこのシンボルの意味です。

つまり中心から意味が広がっていきます。最初の小さな円が心のレベルです。次に大きな円は体のレベル。そして一番外側の大きな円が環境のレベルとなります。この三段階で想念が広がっていくのです。だから想念が体に影響を与え、さらには外側の環境にまで影響を与える力を持っていることを表しているわけです。

当然、ＵＦＯにもそういう構造がありますから、三重の円で表されます。宇宙そのものとか、太陽系そのものも、このシンボルで表されます。太陽も同じです。やはり高度知性体の意志によって太陽というものが生み出されているからです。宇宙には必ず、ある想念の一点があります。私はその一点を「**中核波動**」と呼んでいます。

その想念の一点が自分の中心に投下されて、それが波紋のように、まずは体に染みわたって、そこから外へ出ていくのです。この細波《さざなみ》のパターンが三重の円で表されるのです。

スワスティカ（まんじ）の場合は、それが輪廻、循環することを表しています。つまり、三重の輪で表される想念の波紋が、輪廻・循環を構成したときに表されるシンボルがスワスティカなのです。

その回転には二つの方向があります。それを「力のまんじ」、「愛のまんじ」と言う人もいます。元々「力」という字を見ればわかりますが、「卐」と形が似ています。「卐」は左回り（反時計回り）に回転する力のまんじなのです。ドイツのナチスがシンボルとして使用したため、ヨーロッパなどでは法律で使用を禁止されているところもあります。そして右回り（時計回り）に回転するのが「愛のまんじ」と呼ばれるまんじで、「卍」のシンボルで表されます。

左回りの「力のまんじ」は、散っていくこと、拡散していくことを表します。右回りの「愛のまんじ」は、集中して一点に集まってくることを示しています。神道の儀式では進左《しんさ》退右《たいゆう》といって、自分から見て左に出て右に回り込みますから右回りの「愛のまんじ」です。集中を表します。古い文化ほど右回りのまんじです。

想念にまつわる三日半、三カ月半、三年半の法則

布施　つまり、小さな一点から放たれた想念は四方八方に影響を与えるのだということを三重のシンボルが象徴し、まんじはその性質を表しているわけですね。大きく言うと、抱擁する愛の性質と拡散する力の性質がある、と。

秋山　そういうことになります。これらのシンボルがもたらす意味は、広がりと集中という問題があるということです。想念の広がりは三重の円で表されますが、「広がり」は責任という問題と切っても切り離せません。何を自分から広げてしまうかに責任を持たなければならないということです。

要はこの宇宙の中心は「自分」なのです。自分から観察した宇宙の中心は自分です。だからこそ、その中心から何を広げていくかは、「自分宇宙」の神としての責任があるわけです。その視点を持って考えなければいけません。だからこそ人間の想念が招いた結果は、完全に自己責任なのです。

布施　自分が放った想念と似たような現象を引き寄せるということですね。負の想念は負の想念や現象を引き寄せる、とか。でもそこにはちょっと時間差があるように思うのですが、

いかがでしょうか。

秋山　ええ。私自身も意外だったのですが、想念の結果はちょっと先に出ます。**最初の結果は三・五日後に出ます。その次の結果は三、四カ月後に出ます。一番長期の結果は、三年六、七カ月後に出るのです。**でも、三年半も経ったら、長すぎて忘れてしまいます。

だから意識的に想念の観察をやると、非常に面白いことがわかってきます。というのも、想念は循環するからです。で、循環して何が起こるかというと、たとえば三日半前に使った想念と同じ想念になりやすい問題が三日半後に引き寄せられることに気がつくのです。さらに同じような状況が三、四カ月後に起こります。そして同じ想念になりやすい現象が三年六、七カ月後に循環してやってきます。どうやら3・5という循環の法則があるようなのです。

これは私が経験的に気づいたのではなく、スペース・ピープルから聞いた法則です。私も調べたら、何と十六世紀の錬金術師パラケルスス（一四九三〜一五四一。スイスの医者、化学者、神秘思想家）が医学書に同じようなことを書いているようです。**病気は三・五日遅れて発症したり、三・五日で繰り返したりする**、と。だから3・5日×2の一週間分の薬を出すという習慣がいまだに医学で続いているのです。

確かにほとんどの伝染病は三日から四日で繰り返します。ぶり返そうとします。「三日くらいしてからまたおいでなさい」と医者が言うのも、その法則を経験的にわかっているからではないでしょうか。

布施　面白いですね。以前から何か法則性があるのではないかと思っていましたが、３・５の法則ですか。その法則を知らないから、自分が放つ想念の結果に気がつかないわけですね。でも後述する「Ｌシフト」（俗にアセンションと呼ばれている現象）によって猛烈に気づかされる事態になるのでしたら、三・五日後に最初の結果が現れるのでなく、三・五時間後とか、場合によっては三・五秒後に想念の結果が現れるような現象も起こるのかもしれませんね。

秋山　その可能性はあります。

良想念と悪想念の具現化「3対2の法則」

秋山　さらにもう一つの法則があって、楽しんだ感情によって生まれた想念の結果の出方と、悪想念の結果の出方に落差があるのです。前者が3だとしたら、後者は2の結果が出ます。良い想念の方が悪い想念よりも1・5倍結果が大きく出ます。これで形のうえでは防衛というか我々の生活が成り立っているわけです。

良い想念を出すと、ちょっと得するようになっているのです。一種の〝奨励金〟のようなものと言ってもいいかもしれませんね。

布施 インセンティブ、つまり動機付けになっているわけですか。

秋山 ただし、これが今後どうなるかはわかりません。今の地球では良い想念と悪い想念の結果の出方は3対2ですが、これは変動します。これからは悪がドンドン具現化するようになって、2対2になる可能性も、2対3になる可能性もあります。

逆に、ここに至るまでに悪い想念の具現化が段々減ってきたという事実もあります。科学技術や利便性の進歩もあり、人に対する心理的な理解も深まったからそうなったのだと思われます。だけれども、3対2というのは、スペース・ピープルから見ればまだヨチヨチ歩きの段階です。できるならば、3対1くらいにしなければなりません。善想念の結果が3で、悪想念の結果が1です。

それぐらいになると、地球人も宇宙人の世界に近づきます。善想念の具現化が多くなります。すると、社会が楽になってくるのです。

異なるものへの理解が進めば、善想念が実際に現れるようになります。ところが、理解しない分だけ、恐怖や攻撃の想念が増えて、悪想念の具現化が進みやすいような事態が起こります。だから3対2という割合自体も、地球人の想念の傾向によって作られているとも言えるわけです。

では、悪想念とは何かという根本的な問題もあります。善悪とは何か。これは歴代の宗教家が言っているような単純な問題ではありません。宇宙的な善悪を皆、単純に考えてしまう傾向がありますが、宇宙的な善とはクリエーション、創造のことです。**創造的なことを喜び楽しむことが宇宙的な善**なのです。それが定義です。

これに対して悪は、破壊や、他者が恐れることを喜ぶことなのです。これが宇宙的な悪です。善悪の定義は宇宙的にははっきりしています。

ですから我々の中にもまだ、他者を恐れさせて喜ぶというような性質の人が残っているわけです。他者を破壊して喜ぶという想念も持っているのです。そういう人は、悪いことを喜んでやるようなことをします。「悪」として成功します。この宇宙には、悪にも善にも成功する可能性があるのです。

最終的には悪はドンドン弱くなっていきます。弱くなった悪は隠れようとします。一方、善は強くなればなるほど、表に出ようとします。そうなると善が溢れ出るようになります。

だからこそ、三重の円に象徴された想念の伝搬《でんぱん》とその結果について、我々は責任を持たなければならないのです。3・5の循環の法則、3対2の良想念・悪想念具現化の法則を常に意識することが必要です。

3つの異なる宇宙が地球とつながっている

秋山　順序が後になりましたが、まんじに込められたもう一つの意味についても言及しておきましょう。まんじのシンボルは循環を表しますが、同時に循環の四大原理である「火、空気、水、土」も表しています。まんじの四つの足が四大原理で、その中心の点を入れると五大原理である「地、水、火、風、空」となります。この五つの原理が、すべての循環する仕組みを形成しているということがポイントです。

まんじをちょっと立体的に描くと、五芒《ごぼう》星の五大原理を表します。神秘学では人間の体は五つの世界と対応していると考えます。肉体、エーテル体、アストラル体、メンタル体、コーザル体ですね。

人間を取り巻く世界は、この五つのエネルギーがいろいろ絡んでいます。まず肉体ですが、この世界が物質の世界として存在します。それがまんじの中心となっている点で表されています。今、肉体の自分がいる世界です。

それを取り巻く環境として四つの世界が描かれているのがまんじの足の部分です。つまり心が四つの世界とつながっているわけです。この肉体世界と併せると、我々は五つの世界とつながっていることになります。

一方、地球そのものは、ほかに三つの世界とつながっています。その地球の上にいる我々自身は、肉体を含めて全部で五つの世界、自分の肉体以外では四つの世界とつながっています。その四つは、我々の肉体の世界とは異なる時間や密度、空間を持つ世界、つまり時空間の系列がまったく違う世界です。時間の流れも構成も違う宇宙です。

このことから言えることは、**人間は五つの多元宇宙の集合体である**ということです。地球は、地球自身を入れて四つの多元宇宙の集合体です。人間の方が接している宇宙が一つ多いというのは不思議ですが、スペース・ピープルに聞いても「昔からそうだ」としか教えてくれません。

布施　理由は教えてくれなかったけれど、我々の地球がある宇宙は、ほかに三つの時空間の系列が異なる宇宙と連結しているわけですね。これに対してその地球に住む我々は、一つ多い四つのほかの宇宙とつながっている、と。

秋山　そうです。我々はこの宇宙にウエイトを置いています。ほかの宇宙にウエイトを置いているスペース・ピープルとも、四つの窓口でつながっているのです。密教的な表現を使うなら、五大菩薩がそれに相当します。

私もスペース・ピープルから訓練を受けて、その四つの宇宙を全部観察したことがあります。宇宙語でその宇宙を指す言葉もあります。それが、それぞれの宇宙人を表す「ゲル」「ペル」「エル」と、もう一つなのです。

本来は、ゲルもペルもエルも別々の宇宙に住んでいました。それぞれが三つの異なる宇宙です。別々の宇宙なのですが、地球とつながっているのでこの宇宙にもやってくることができるのです。ゲル、ペル、エルのほかに我々自身がつながっている四番目の宇宙には、昆虫系の宇宙人がいます。

そもそも地球がかかわっている三つの宇宙が、ゲル、ペル、エルの三タイプの宇宙人がいる宇宙なのです。昆虫系の宇宙人がいる宇宙は外れています。昆虫系の宇宙人はカマキリのような姿をした大型の宇宙人で、感情を抑制して非常に合理的です。ただ、地球自身とつながっている宇宙の宇宙人ではないので、地球には来づらく、テレパシーだけで交信しているように思います。

地球人と交流する3種類の宇宙人の真相

秋山氏がここで語っている三つの異なる宇宙から来たゲル、ペル、エルこそ、プロローグで取り上げた三つの塔のある学校を作った三タイプの宇宙人のことである。この三種類の宇宙人は現在地球を実際に訪れ、間接的ながら地球に影響を与えている宇宙人たちである。秋山氏はそのどのタイプの宇宙人にも会っている。

ペルは、一般には「グレイ」と呼ばれている頭でっかちのアーモンドアイの宇宙人だ。彼らは爬虫類から進化した「恐竜の進化形」で、恐竜が二足歩行して進化するとペルのようになるという（図13）。

社会形態としては、蜂や蟻と同じで、女王蜂のようなボスが一人いて、その下ですべての民がそれぞれの役割を持ち、文明や文化を発展させていく。全体は一つであり、一つは全体であるような社会で、彼らのほとんどはクローンで殖えるという。

ゲルは、身長が四メートル以上ある巨人族とも言える巨石文明を持つ宇宙人だ。犬や熊といった比較的大型の哺乳類から進化したスペース・ピープルで、耳は尖っていて短い毛も生えている（図11）。

社会形態としては個人主義が強く、地球的に言えば山に籠《こも》る隠者《いんじゃ》や哲学者のようなタイプである。他人と競わないで個性を深めるにはどうしたらいいかを追求している。

最後に**エルは、いわゆるヒューマノイドタイプの宇宙人**で、人間と同じような形体をしている。恐竜が滅んだ後、ラットや猿など比較的小さな哺乳類から進化した。何事もバランス

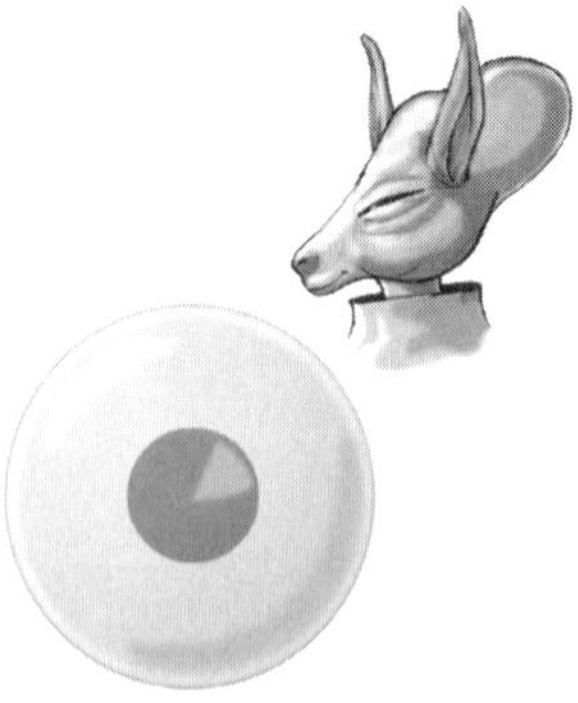

図 11　犬や熊といった哺乳類から進化した宇宙人ゲル（左）。右上がゲルの横顔。その左下に描かれているのはゲルがかぶっていることが多いヘルメット。大きな一つ目のように見える。

図 12　小型哺乳類から進化したヒューマノイドタイプの宇宙人エル

図 13　爬虫類から進化したグレイタイプの宇宙人ペル

秋山氏がエルの服装を描いたスケッチ

を取ろうとすることで文明を発達させてきた。中間を取ることが宇宙を進化させることだと信じている（図12）。

この三つのタイプの宇宙人とは別に昆虫から進化したとみられる宇宙人がいるという。ただし、昆虫系の宇宙人の宇宙は地球とつながっていないため、主にテレパシーで交信しているだけだと秋山氏は言う。

この昆虫系宇宙人以外の三種類の宇宙人と地球のかかわりに関する秋山氏の説明を簡単に要約すると、この三種類の宇宙人のうち**最初に地球の影響を与えたのはゲルで、人類に巨石文明をもたらした。その後ペルがやってきて、人類の鉄や火の文明に影響を与えた。最後にやってきたエルは、精神文化や芸術面で強い影響を及ぼしたのだ**という。

秋山氏によると、この三種類の宇宙人はそれぞれ別々の時空間を持つ宇宙から地球にやってきているという。おそらく地球は、彼らの宇宙とつながっている〝集中点〟あるいは〝交差点〟のようなスポットで、彼らは地球の宇宙史と何らかのかかわりがあったのだと思われる。

言い換えれば、彼らの科学文明は人類よりも格段に進んでいるので、地球人から見れば〝未来人〟であると言える。それとともに、地球の宇宙史のある時点から分岐した並行宇宙の宇宙人であると考えれば、地球人が進化した未来人、あるいは地球の未来から来たスペース・ピープルであるとも解釈できるのだ。

彼らについては、その科学技術を含めて、まだまだわからないことが多い。今わかっているのは、時空間が異なるとみられる金星や水星といった太陽系の惑星、および月に、彼らが都市を築いているということである。

このようなスペース・ピープルが実際に地球に来ているということを前提にして、引き続き秋山氏の宇宙論に耳を傾けてみよう。

地球と交錯する宇宙は筒状だった！

布施　確認ですが、昆虫系宇宙人を含めて、我々の意識がつながっている宇宙はほかに四つあるということですね。

秋山　そうです。人間は、今あるこの宇宙を含めて五つの宇宙とつながっています。自分の体があるこの宇宙以外に、四つの別の宇宙とつながっているわけです。この四つの宇宙は四大元素、四大エネルギーとも関係しているのですが、それらの宇宙とつなぐ役割を担っているのが、人間が持っている「集中点」(注・第4章で詳述) です。

たとえば、心臓の裏側にある集中点は火のエネルギーが非常に強いのです。火は具現化が激しいエネルギーの象徴でもあります。つまり精神と物質を非常に強くつなげようとする世界への感応が強いのです。この世寄りの霊的世界です。この集中点と頭の集中点が直接つながっています。頭の集中点の方は、非常に高度な、未来の霊的世界とつながっているのです。今の現象を直近に創造していくエネルギーの集中点と、未来からの情報をキャッチする集中点が、世界が違うのですが、中ではパイプでつながっているのです。

さらに面白いのは、この異なる世界が食い違わないようにしていることです。ちゃんと分けて感じ取ることができるのです。その二つの世界を混同してしまうと、いろいろなことがわからなくなります。

布施　端的に言うと、霊と宇宙人を混同してしまうということですか。

秋山　そういうことです。

布施　我々はほかの四つの宇宙とつながっている一方、地球は一つ少ない三つの宇宙とつながっているとのことでした。しかし、以前秋山さんが示した図の中に、地球を中心にして宇宙が十二個つながっている図がありましたが、それはどういう意味ですか（図14）。

秋山　四つずつの束が三つあるということです。ですから、地球は大きく分けると三つの宇宙とつながっているということと矛盾しません。つまり、それぞれの宇宙の中に四つの構造

図 14　我々の選んだ宇宙と、隣接する 12 の宇宙のシンボル　中央の円が我々が選んだ宇宙。それと隣接してこの図のように様々な宇宙が存在する。

があるということです。未来からアクセスする世界、過去寄りの世界、もっと構成の異なる妖怪や妖精がいるような世界、そして物質界――端的に言うとこの四つの構造があるということかもしれません。

ですから四つの世界から影響を受けている三つの束の宇宙の交点に地球はあるということでもあります。それぞれの宇宙にも、霊界の過去系精神界とスペース・ピープルの未来系精神界のような世界があるわけです。

同時に彼らスペース・ピープルは、想念を使ったチューナーを使って、別の宇宙の特定の時間に瞬間移動することも可能であるように思います。だから地球の過去にも未来にも行くことができるのです。それが地球人にできるかというと、そうはいかないと思います。

たとえば、我々は自分たちの百年前の過去をきちんと把握しているかという問題がありま す。ちゃんと把握できなければ、過去に行くことはできません。百年前とは何かというイメージをしっかり持たなければなりません。

問題は、我々も過去に想念を向けますが、「日本の歴史は世界一であってほしい」とか、エジプト人なら「エジプトのピラミッドが世界で一番すごい」とか、結局自分の歴史を大きくしてしまうことです。想念のバイアス（偏向）がすごくかかり、事実をゆがめてしまいます。我々にとっての歴史は政治ですから、そういう面は否めません。過去を正確にイメージするには、地球人はエゴが強すぎるわけです。ネガティブエゴです。そうした偏りがあると、過去に行くことができないのです。

「自分の先祖がすごい」「歴史はすごい」と言うのはいいのですが、他の人の歴史のレベルが低いと考えないと自分の歴史が確立できないというような国家観はまったく間違っています。

ですから、この図はあくまでもシンボルです。実際の宇宙の形は違います。宇宙同士のつながり方を立体図形で描くこともできますが、図では非常に描きづらいです。実際には筒状につながっています。

布施　秋山さんは地球で交錯する別の宇宙を見たことがあるのですか！　それも筒とは！

秋山　あります。実際に見えます。ＮＡＳＡも宇宙の構造に気づいていて研究対象にしていると思いますが、別の宇宙は筒もしくはチューブのように見えます。そのチューブもどこから見るかによって、球に見えたり、紐に見えたりするのだと思います。

地球から見たら、単純に筒状に見えます。一本は地球と月を貫通しています。

布施　地球と月を貫通！　串団子のようにつながっているのですね。

秋山　一見すると、地球と月をつなぐ大きな光のラインのように見える場合もあります。このラインがあることは、「超人博士」の異名を持つアメリカの超能力者アレックス・タナウス（一九二六〜一九九〇）も、『超能力大全』（徳間書店）の中で指摘しています。彼は「地球上から上に向かって昇って行き、宇宙のどこかで消えている一本の光の柱」があるとして、その光の柱は「ある種の異星間通信のリンク」であることがわかったと同書で述べています。

異なる時空間から来た未来人

宇宙は筒でつながっていた！　しかもそれが秋山氏ら能力者には見えるという。道理で我々に見えなくとも、ＵＦＯの接近がわかるはずだ。

真偽のほどはわからないが、これに関連して今から一年前に、囚われの身となったスペース・ピープルが米軍関係者に尋問される動画がYouTubeに流されたことがあった。一九六四年六月九日、米国オハイオ州にあるライトパターソン空軍基地で撮影されたとみられ、「ブルーブック計画」の一環として尋問者がペル系のグレイとみられる〝宇宙人〟を尋問している四分半ほどの動画だ（「Alien Interview Part 1 | Secrets of Universe Revealed | Project Blue Book」https://www.youtube.com/watch?v=G2xXu8_2Exo）。

その中で〝宇宙人〟は前日には何千光年かけて地球にやってきたと言っておきながら、この日は地球から来たと答えた矛盾点を問われる場面がある。それに対し〝宇宙人〟は「お前たちの未来から来たのだ。時間旅行をするということが、宇宙空間を旅するということなのだ。（時間旅行をすることによって）宇宙空間の相違（分岐）を埋め合わせるのだ」と答えている。

おそらくSFを映像化した動画なのであろう。だが、この動画がフェイクだとしても、地球が別の宇宙との接点にあることを知っていると、〝宇宙人〟の説明にも納得がいくものがあるのも事実だ。

こうした異なる時空間軸を持つ並行宇宙同士の絡み合いも、いつの日か地球の科学でも解明される日が来るのであろう。

第4章

スペース・ピープルに教わった身体論の神秘

底部の〝蓮華座〟でチューニングをする

三種類の宇宙人たちが地球と交錯する三つの並行宇宙から、それぞれ時空間を超えてやってきているのだということを聞くと、地球人には、まだ越えなければならないハードルがたくさんあるように思えてくる。そもそも目に見えない並行宇宙をどのように認識すればいいのか。秋山眞人氏によると、スペース・ピープルは「想念を使ったチューナーを使って、別の宇宙の特定の時間に瞬間移動」するので、地球の過去にも未来にも行けるのではないかという。つまり、彼らスペース・ピープルには〝想念のチューナー〟のようなものが備わっているのだ。

彼らにできるのならば、我々にもできるのではないか。何らかの訓練を積めば、我々も目に見えない別の宇宙を認識することができるようになるはずである。秋山氏はそれについてどう考えているのだろうか。

秋山氏は言う。「まずは自分の身体の仕組みを知ることです。自分の体にエネルギーがどのように流れ、どのようなエネルギーの集中点があるのかを知ることが大事です。それができれば、宇宙から入ってくる情報を正確に読み取れるようになるのです。そのことをスペース・ピープルは教えてくれました」

それでは秋山氏が語る「体と想念が織り成す神秘の世界」を聞いてみよう。

布施　我々の体の構造というのは、どうやら唯物的な医学が語る構造とは違うということなのですか。

秋山　もちろんまったく違います。我々の体の構造というのは、非常に複雑、かつ精妙に作られています。だからなのかもしれませんが、ＵＦＯの構造も我々の体の構造に非常によく似せて形が進化しています。

ＵＦＯのボディは、本当に細かい細胞の集合体のようです。神経の繊維のようなものが走っているし、酸化水銀が流れる血管のようなものもあるし、作動すると温度が下がる構造のコイルなどもあります。

一番すごいのは、ＵＦＯと我々の体の構造がともに、中心に軸があって、その軸に沿って周囲に特定のテーマに対して作動する「意識の集中点」があることです。ヨガなどで言っているチャクラがその構造の一部を表しています。ただし体の集中点は確かにチャクラと似ていますが、完全には一致しません。

我々の体の構造について具体的に説明していきましょう。

まず重要なのは、時間の集中点です。時間というもののゲートを調整する集中点が我々の体の中にあります。ＵＦＯには底部に時間のゲートを調整する集中点があります。我々の体でも、人によって若干ずれますが、性器と肛門の間くらいの空間に集中点があります。

その集中点をよく見ると、形は十字架形をしています。つまり集中点と言っても、そこには領域があるわけです。十字架形の集中点をもっと詳しく見ると、光の横軸と縦軸があって、中心点から方々に細かい繊維状の光が出ています。そういう蓮華座（仏像の台座）みたいなものがあるのです（１４４ページの図15参照）。それは四つ葉のクローバーのように四つに分かれています。その四つの区分それぞれに細かい光の筋が見えます。つまり光の繊維の束のようになっています。さらに言うと、十字架の中心には小さい点があります。それが一番下にあります。

その蓮華座の上に乗っかるように、体で言えば膀胱《ぼうこう》の辺りに、もっと細かい光の光芒《こうぼう》があって、それは本当に立体的な菊の花、または開花した蓮華のように見えます。放射状の光の繊維の塊みたいな形です。蓮華座の光の繊維よりもちょっと太めの光の繊維の束です。

この蓮華座のような集中点は、いろいろな宇宙空間や時間からの干渉を受ける場所です。ここが我々のチューナーと言ってもいいところです。特に時間と空間をコントロールするチューナーです。チューナーは頭の上についているわけではなく、ここでチューニングするのです。

チューニングのやり方は、なるべく仙骨《せんこつ》（お尻の出っ張りのすぐ上にある手のひら大の骨）を寝かさないで立てて、かつ股関節を緩めるようにします。下腹を軽く引っ込めて、真っすぐ上に引っ張られているかのように仙骨を引き上げて縦にすることです。そうすると、チューナーが自由になり、いろいろな宇宙的なものや霊的なものと共鳴しやすくなります。

深いものと霊的な交流をしたいとか、まあ、霊と言っても霊と呼ばれてきたもののことですが、言い換えると過去の意識体と交流したいときには、ここの集中点で感じようとすればいいのです。未来のスペース・ピープルに呼びかけるときも同様です。

丹田は動力部、太陽神経叢はコントロールセンター

秋山　このチューナーよりも上には、体で言うとちょうどお臍《へそ》の下辺りですが、俗に言うと丹田があります。丹田に意識を集中して見ると、暗い靄《もや》のようなところに明るい光とか黄色い光がスターダスト（星くず）のようにあちこちにキラキラ光っているように見えます。まるでミニ宇宙で、赤や黄色の星が蠢《うごめ》いているような感じです。燃えたコークスのように見え

エネルギー集中点の位置と、その役割と主な機能

エネルギー集中点	役割と主な機能
頭頂部	パラボラアンテナ。全宇宙からの情報を受け止める。
目と目の間	受像機。イメージやビジョンを見やすくする。
喉	思考回路または意識拡張器。考え方の枠を広げ、脳に対するストレスを軽減する。
心臓の奥	エネルギー調整器。気と血液の流れをコントロールし、リラックスさせる。
胸	感情制御器。好き嫌いの感情をコントロールする。
肝臓	感情抑制器。心を鎮める。
脾臓	意欲増幅器。積極性を出させ、表現力を高める。
太陽神経叢	コントロールセンター。感情を含む各種エネルギーのバランスを取る。
丹田	動力部。エネルギー・活力の源で、元気にする。
性器と肛門の間	チューナー。時間と空間をコントロールする。

る場合もあります。感情の状態によって光が収縮したり拡張したりします。

この丹田は、我々の寿命とか、細胞全体の時間とか、霊的な生命力とか、そういったものとかかわっています。俗に「丹《たん》」と呼ばれたものです。UFOで言えばエネルギー源とか動力部に相当します。UFOの動力部は六角形のパイプの集合体で、蜂の巣のような形をしています。パイプのそれぞれが光ったり消えたりを繰り返しているのを見たことがあります。

この丹田の上には、太陽神経叢《たいようしんけいそう》というものが全体的にあります。太陽神経叢は医学用語にもなっていますが、体幹の中央、心臓の下からお臍《へそ》にかけて全体的に大きく広がる神経細胞の集まりです。

霊的に見ると、これはもう光る玉です。強く光るエネルギーの玉です。色もコロコロ変わります。五臓六腑の複雑なエネルギーで構成されています。

胃袋の辺りのエネルギーが太陽神経叢の中心です。それとは別に、自分から見て右側にある肝臓の辺りと、左側にある脾臓の辺りの二か所にも基点があります。

自分を鎮めたいときは、肝臓の辺りに意識を集中させます。そして右の基点を緩めます。一方、自分の立場を上げたり、前面に出したり、積極的に表現したりしたいときは、脾臓の辺りに意識を集中させ、左の基点を緩めます。

真ん中の太陽神経叢ですが、感情を穏やかにしたいとか、柔和にしたいとか、いい感情で物事を進めたいときはここを緩めます。

好き嫌いは胸、見識の広さは喉と関係

秋山　次に胸にまで上がっていくと、乳首と乳首の間に集中点があります。この領域は感情や好き嫌い、好みなどに対して強く反応します。人の感情とコミュニケーションを司るチャ

クラのようなものです。放射状の光の束の塊のように見えます。

この胸の前の方にある集中点が固くなってエネルギーの流れが悪くなると、好き嫌いを激しく言うようになります。何か好き嫌いとかに関係して人を責める気持ちになったりイライラしたりするときには、この胸の前の方の集中点を緩めるようにすればいいのです。するとエネルギーが流れて、人のエネルギーを感じたり、人のエネルギーで自分を活性化させたりできるようになります。好き嫌いの感情に対する対処能力が低くなると、そこが詰まって、関係する超能力が使えなくなります。

好き嫌いと激しく関係する集中領域とは別に、その奥の心臓の裏側の辺りにも集中領域があります。心臓のチャクラです。やはり放射状の光の束の塊のように見えます。

そこでは、全体的な体の気の流れや血液の流れを調整しています。ですから背中の心臓の後ろ辺りの領域を緩めると、基本的には体がすごくリラックスしてきます。

次は喉《のど》です。ちょうど首のやや後ろ寄りに集中点があります。ここを緩めると、モノの見方や見識が広がったり記憶が活性化したりします。考え方の枠が広がります。それによって脳に対するストレスが少なくなります。省略する場合もありますが、喉の左右の肩の辺りに人と人とのつながりや信頼を示す集中点があります。

松果体はビジョンのゲート、頭頂部はアンテナ

布施　これまで「緩める」という言葉を使ってきましたが、具体的にどうやって緩めるかを説明してもらえませんか。

秋山　緩めるというのは、力を抜こうとすることです。その際、その集中点を意識しますが、その一点の意識だけでその周りは全部緩めるのがコツです。

たとえば、背骨沿いに何か意識するときは背骨を真っすぐにしますが、かなり緊張して意識することになります。下腹を引っ込めて、仙骨を立てて真っすぐにするわけですから。それでもその周辺はすべて緩めるようにするのです。

また、人間というのは、あごの軸はどちらかに必ず偏りますから、鏡を見て、ちゃんと軸が真っすぐになっているかどうかも確認しなければなりません。軸のズレを直します。そのうえで、軽く目を閉じて脳を休めながら、当該集中点の周りを緩めていけばいいのです。一点に集中しながらも全体の力を抜くことが大事です。そうすると、スイッチが入ります。

布施　わかりました。私も試してみます。では、喉の次にある集中点はどこですか。

秋山　喉の次は、目と目の中央辺り、つまり眉と眉の中央辺りにある、インド哲学でいうチ

ャクラの「アジナ」、中華気功学では天目《てんもく》とも書きますが、第三の目と呼ばれる集中点です。実際はその奥の松果体《しょうかたい》に集中点があります。

ここはビジョンを吟味する領域で、ビジョンのゲートです。イメージとかビジョンを見たいときは、ここを緩めます。すると、いろいろなビジョンが見やすくなります。

さらに上の頭頂部の辺りにも集中点があります。ここはいみじくも「百会《ひゃくえ》」とも呼ばれますが、いろいろな情報と出合うための受け皿のようなところです。宇宙からはいろいろな情報が気のエネルギーになって細かい繊維状に降り注いでいます。それを受け止めるお椀《わん》状の形をした集中点です。よく見ると、細長い管状花の集合体であるアザミの花か、あるいは王冠のようです。

幾重にも重なって管が突き出ています。降り注いでくる情報をこの管でキャッチするわけです。キャッチされた情報は、第三の目の集中点で映像化されます。

この人間の頭にある宇宙からの情報を受け取る集中点と、視覚を司る第三の目の集中点の構造は、UFOの基礎構造と非常によく似ています。UFOの上部にも卵のような構造があるのですが、その卵の中で宇宙情報を受け取るアンテナのような部分と受け取った情報をビジョンにする装置が、人間の頭の中と同様に直結しているのです。つまりUFOの「卵」の部分が、人間の頭に相当するわけです。

その「卵」の中を意識してよく見ると、まるで宝石箱のようにキラキラキラキラしたいろいろな宝石のようなものがあることがわかります。

サムジーラが開けば「アオスミ」になる

布施　それを描写したのが、次ページの図15であるわけですね。

秋山　そうです。また、スペース・ピープルがこの全体の構造を象徴的に表したのが、次のシンボル（図16）です。これは「アオスミの図」とよく呼ばれるもので、省略化した人間の基本構造のことです。ＵＦＯの基本構造でもあります。

地球人類はこの構造のことを理解していないし、十分に活用していません。そこで地球人にこの構造があることを自覚させて、ＵＦＯと共鳴してお互い交流できるようにしようというプロジェクトが発足しました。それが俗に**「宇宙連合の地球計画」**と呼ばれたものです。

テレパシー交信の窓口のことを「サムジーラ」と呼び、そのサムジーラが開いた状態の人のことを「アオスミ」と呼びます。アオスミはこの構造を理解して活用できるようになった人のことでもあるわけです。

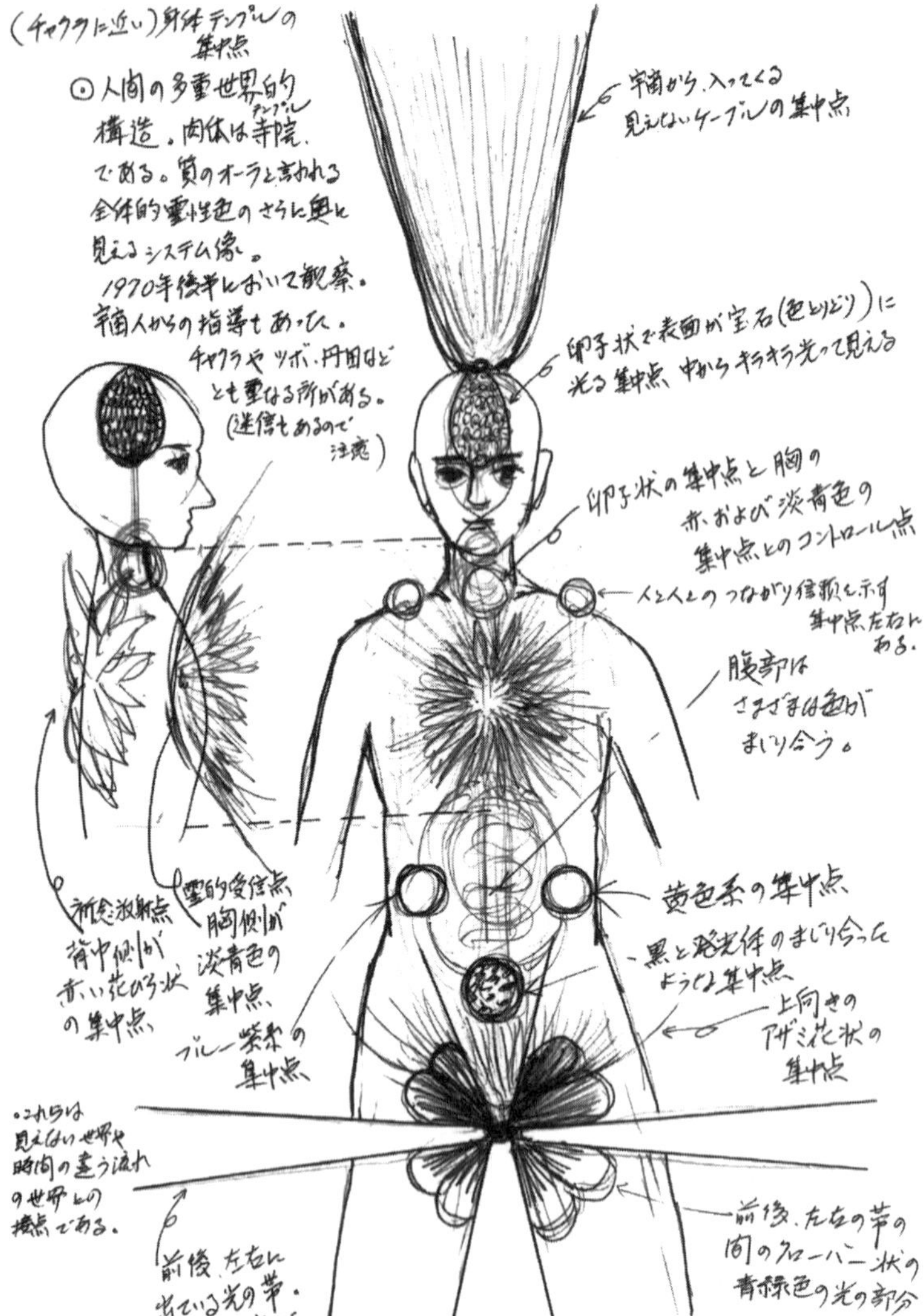

図 15　人間の多重世界的構造　「質のオーラ」といわれる全体的霊性色のさらに奥に見えるシステム像。○は集中点を表す。(秋山氏によるスケッチ)

サムジーラが開いていない人は、どこにエネルギーの集中点があるかわからないままです。もっとも、ある程度見えるようになった人でも、こういったエネルギーの集中点を細かく観察できる人はよほど力がないとできません。まずは集中点を観想できるかがカギとなります。見え方のイメージにも、いくつかレベルがあります。それがどれくらい見えるかによって、その人のサムジーラがどれだけ開いているかもわかります。チャクラとは違う理由はそこにあります。

今言ったエネルギーの集中点にチューニングすることができるようになれば、サムジーラは開いていきます。復習しながら、簡単にコツをお教えしましょう。

まず一番下の集中点を活性化するには、時間論と空間論がわかっていないとダメです。霊的なモノと宇宙人的なモノが、それぞれ過去と未来のものだとわかっている必要があります。

その上の菊の花みたいな集中点は、自分はもう何でもできるエネルギーの塊なのだとポジティブ・シンキングすることや、今の自分の想念や感情が運命を全部変えていくのだという信念がないとうまくいきません。意識的に元気になることです。過去の因縁で病気になることもありますが、

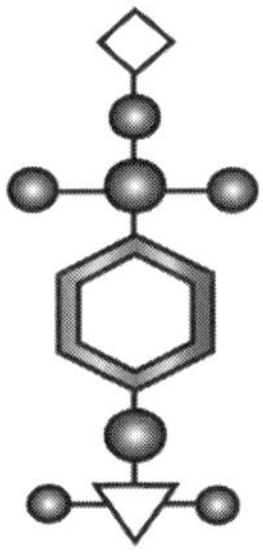

図16　「アオスミの図」のシンボル

それでも意識的に元気であることがとても重要です。

人間関係の中で自分を抑圧したり表現したりするという交流の中で、我々の太陽神経叢にある生命力が活性化しているのだということもわかってきます。

胸の集中点では、人の好き嫌いなどにエゴをぶつけると、曇り、滞ります。それもわかってきます。心臓の後ろの集中点を意識すると、物質化する力そのものの拠点がわかります。

喉に意識を集中すれば、自由の感覚が摑《つか》むことができます。

人間関係などにいろいろな閉塞感を持っていると、本当に息苦しいとか喉が詰まるとか、首が回らなくなるといった症状が現れます。

そして松果体（第三の目の奥の部分）でビジョンを感じようとして、頭のてっぺんで宇宙と交信するわけです。頭のてっぺんのところをきちんと開くためには、自分の意識とつながりの深い宇宙はどこか、星座はどこかということを知る必要があります。それを知る方法の一つが、今では単なる占いになってしまいましたが、インドに伝わった二十八宿《しゅく》（天の赤道帯を二十八個に区分したもの）の研究だったわけです。

星座は今、八十八あります。それのどこが自分の魂の故郷であるか、です。私の場合はカシオペア座でした。カシオペア座の方向の星でした。カシオペア座が好きというのではなく、子供のころからカシオペア座が気になっていました。私はメジャーなものは好きではなく、ヘビ使い座とかマニアックな星座の方が好きだったのですが、残念ながらメジャーなカシオペア座だったわけです（笑）。

面白いのは、頭にある二つの集中点と、心臓の裏側にある気や血液の流れを調整する集中点がつながっていることです。心臓というのは、体のリズムを刻むものです。このリズムで自分自身を癒しているのです。ですから今の身体情報や宇宙の環境状況を併せることによって、体のリズムを調整しているわけです。

ＵＦＯの構造も人間の構造も同じ

布施　人間は既に宇宙と連動した構造を持っているわけですね。

秋山　そうです。このように見ていくと、**我々の体は一つの寺院**であることがよくわかります。聖なる装置です。聖なる建造物であり、宇宙意識との交流テンプルです。

チューニングは下からやった方がわかりやすいですが、やっているうちに普段から詰まった感じのする場所がわかってきます。私の場合は、首の後ろです。若いときはここが詰まったことはありませんでした。年齢を重ね、社会を俯瞰《ふかん》的に見られるようになると、社会の閉塞感が首に転写されてくるのです。つい社会の閉塞感に目が行くようになってしまうわけです。

ですから、それ以上の開放感をどこか別のところでイメージしないと詰まりは解消されないことになります。社会がどうであっても自分は開放されているのだと思わなければいけません。

愛情があると、社会とかかわります。社会の悪いところにも目が行き、嘆きが出てきます。嘆きというのは、最初は愛情から来るのです。ですから愛情自体も切り離して自由になることが大事な場合もあるのです。相矛盾するような面があるところが面白い部分でもあります。

我々の体同様に、ＵＦＯの構造も面白いです。底部には過去未来を行き来する、時間の障壁を突破する装置があります。その上には動力源があります。動力部がスズメバチの巣のような六角形のパイプの集合体になっているのは、先ほど説明した通りです。

さらに上には、その動力源といろいろな装置とをつなぐ太陽神経叢のような複雑な配線があって、その上にはそれをコントロールするセンターがあります。コントロールセンターでは、そのエネルギーを共鳴させるのか、吸収するのかなどを制御しているようです。そしてビジョンを見る場所がＵＦＯの上の方へ行けばあるわけです。

ＵＦＯを見れば、人間の構造とほとんど同じであることがわかります。つまり人間を真似てＵＦＯを造っていることになります。それが一番バランスが取れている構造だからです。この基本構造はどの宇宙人のＵＦＯもだいたい同じです。こういった装置がないと、未来や過去、あるいは別の宇宙へと移動できないのです。

ＵＦＯや宇宙意識と交流する方法

布施 そうした構造を理解すれば、ＵＦＯや宇宙意識とも交流しやすくなりそうですね。

秋山 ＵＦＯや宇宙意識と交流するためにはまず、体の一番下の集中点を開かないといけません。だからまず、先ほど説明したような要領で下を緩めて開きます。開きながら今度は上にあるアジナ、すなわち松果体付近にある集中点を使って、ビジョンをしっかりと見据えることが重要です。感情を鎮めたうえで、どこへ行くのか、何のために行くのか、何を見ようとするのか、何のためにやるのかといったビジョンをしっかりと持たないと、上と下のエネルギーはつながらないし、分離してしまいます。

それを融合させるのが、腹の辺り、すなわち太陽神経叢がある辺りの集中点です。それがうまくいくと、実際にその時代とかその空間のものとアクセスができるわけです。そして体ごと、過去でも未来でも自由自在に行き来できるようになります。先祖とも、他人の霊的なものといわれている過去人とも、宇宙人のような未来人とも交流ができます。

その作業が下向きの三角形と上向きの三角形でシンボル的に表されているのです。それが融合したときに交流が始まります。六芒星がその交流のシンボルです。

私自身、こうした人間の構造やUFOの構造がわかったのは、かなり後になってからでした。とにかく最初のころは、構造が絵やシンボルで送られてきました。今まで説明したのはかなり簡略化した構造です。本当はもっと色などを含めて細かく、それらの集中点のエネルギーがもっと複雑に絡み合っています。体内構造論は結構難しいです。

問題は、これをあまり詳しく話してしまうと、見えていないのに見えたと言ってしまう人が出てくる可能性があることです。体内構造論は、我々にとっては本当にそこにアクセスしている人なのかどうかを見分ける手段でもあるので、あまり詳《つまび》らかにしたくないという気持ちはあります。チャクラ云々《うんぬん》と言っている歴代のヨガの行者たちを見ても、ぼやかし方が非常にうまいです。彼らの中にも、わかっていてわざとぼやかしているなという人がいることが、彼らの体内構造論を聞くとよくわかります。

たとえば一番下の集中点が十字になっていて、四つ葉のクローバーのような構造になっているということも、わかる人はそれほど多くないです。わかる人は必ず同じように見えるはずです。その十字の真ん中のところにポツッと黒いところがあるのですが、それも本当に見えていないとわからないようになっています。

それが見えるようになるには、自分で自分の集中点を観察しなければなりません。最初はシンボルや絵がスペース・ピープルから送られてきて、後は与えられた課題を自分で解いていくという作業があるわけです。一種の自学自習の世界です。

そして自分で観察しているうちに、仏像を見ると何となく蓮華座とはこういうことなのだなということがわかってきます。五重塔《ごじゅうのとう》（地、水、火、風、空の五大にかたどって五層に造った、仏舎利《ぶつしゃり》をまつる塔）の意味もこういうことなのだなと気がつきます。プラトン立体（狭義には、正四面体、正六面体、正八面体、正十二面体、正二十面体の五つの正多面体のこと）も実は人間の体内構造と相関するのだということも理解できるようになるのです。

脾臓の氣と肝臓の氣を元気にする秘策

布施　体の部分々々をみると、そうした多面体の形と似ているものがあるということですか。

秋山　そうです。それは全体と部分の相似象《そうじしょう》（互いに似通うこと）の関係でもあります。たとえば、体の中央にある太陽神経叢とは別に、体全体を動かすコントロールボードもそれぞれの場所にあります。

たとえば、耳は体全体を表しているし、目の中にも体の構造の縮図があります。鼻の中にも、舌の中にも体全体の構造の縮図があります。ツボ押しでもわかるように、手の平にも足の裏にも縮図があります。部分は全体を表し、全体の構造はそれぞれの部分にも反映されているわけです。相似象になっています。

もっと具体的に言えば、耳は胎児の形をそのまま表しています。陰陽もそれぞれ胎児の形をしています。また、耳は腎臓とも相関しています。同様に目は肝臓、鼻は肺、唇は脾臓、舌は心臓と相関しているのです。同時にそれぞれは、全体の縮図でもあるのです。

布施　体内構造を知った後は、それをどのように応用していけばいいのですか。

秋山　では、脾臓の辺りのエネルギーポイントに意識を向けてみましょう。ここはどちらかというと自己表現のストレスとかかわっています。ですから自己表現を正しく、間違えないように、優しく慎重に頑丈にやろうとする方法をきちんと探究していけば、脾臓は元気になっていきます。

ところがそこが詰まると、病気になったりもします。かつ、ここのエネルギーは唇だけでなく、上腕部とも関係しています。上腕部も自己表現にかかわっているのです。表現の中で

体の部位と感情・想念の関係

脾臓	自分の表現のストレスと関係
肝臓	楽しくさせる感情と関係
肩	頼るとか依存する感情と関係
上腕の外側	経済的・資金的状況と関係
上腕と前腕の内側	人間関係の問題と関係
首	依存される感情と関係
背中と肩の端	依存している感情と関係
骨と筋肉	人生の根幹にかかわる感情と関係

もお金とか経済にかかわっています。経済的な表現とかかわっています。経済やお金が滞っている人と対峙すると、上腕部がビーンと冷たくなったり痛くなったりするのはそのためです。お金に困っている度合が強いと、右上腕部に来ます。お金に困っている度合が弱ければ左上腕部です。

お金に激しく困っている人ほど、「俺は金にこだわらないんだ！」と言う傾向があります。また人を騙してお金を取ろうとか、人はどうなってもいいから自分だけ金があればいいとか、経済的な面で激しいストレスを持っている人は右上腕部に来ます。

これに対して肝臓の辺りのエネルギーポイントは、周りの人たちの表現をどうしたら楽しく、よい感情で受け入れていけるかという問題とかかわっています。他人の表現を良い感情で楽しく受け入れる方法を探究していけば、肝臓が元気になります。

お金の問題と対応するのは、上腕の外側から肘《ひじ》にかけてです。人間関係と対応するのは、前腕の内側から上腕の内側にかけてです。ですから周りの人の感情や肉体性とかかわっている場合は、前腕にも影響が出てきます。うまく受け入れられない場合は前腕が痛くなったりします。

布施 この場合の肉体性とは何のことを言っているのですか。

秋山 その人の容姿とか体形とか肉体的な面を嫌ったり好きになったりすることとです。それが愛好の対象とか、性の対象とか、こだわりの対象であれば、「こういう体形は好き」とか「嫌い」とかはある程度はあってもいいと思います。人間ですから。

でも人間関係においては、その好き嫌いを淡くさせることも必要なのです。身体性とか肉体性をよい感情でよく見てあげることが大事です。そうすれば、「この人いつもより顔色悪いな」とか「手が震えているな」とか「唇の色が悪いな」とかいう〝緊急信号〟に気づき、それを伝えてあげることもできるわけです。

ですから同時に重要なのは好奇心を育てることとです。自分のテンションを上げなければいけません。そのためには、ベースとなる知識量も多くなければなりません。他人を楽しむためには、面白がる力――私は「楽力《らくりょく》」と名付けていますが――楽しむ力が必要です。ただ「キャッキャ」と騒ぐのではなくて、淡くいい感情で他人を見ることが楽力です。

布施　こうしたことがわかれば、自己診断もできるし、非常に便利ですね。
秋山　そうなのです。これを知っていると非常に役に立ちます。

肩凝りや肩痛の意外な理由

布施　肩が痛くなるのは何と関係しているのですか。
秋山　肩凝りとか四十肩、五十肩の問題がありますが、肩が痛くなるのは、頼ったり頼られたりすることと関係があります。昔から「肩を貸す」とか「肩の荷が下りる」とか言っているのは、まさに肩が「頼ること」と密接に関係していることを自然に感じ取っているからです。

肩と関係するのは、依存する感情です。自分が誰かに依存しても、誰かから依存されても、肩が凝ります。依存する、されるのアンバランスがあると、肩が凝ったり痛くなったりするわけです。肩と肩の周辺に来ます。

ではなぜそうなるかというと、自分がちゃんと表現していないことから来るのです。たとえば自分が上司で部下がいたとしましょう。ある命令を部下に出したと自分でけ思っていたのに、命令の表現が悪かったために部下が動かなかった。で、あなたは頭に来たとします。そういう怒りのときには、背中の裏側とか肩の端っこの方が痛くなります。表現の仕方が悪くて伝わらなかったのにもかかわらず相手が悪いと思っている人は、首の周りではなく、肩から背中にかけて肩が凝ります。

逆にちゃんと表現をしているのに相手が悪くて伝わらない場合、すなわち依存壁の強い人たちがたくさん集まってきている場合は、首沿いに肩凝りが来ます。ひどいときは、肩から首にかけて痛みが激烈に来ます。

ですから、肩の凝りがどのような凝り方なのかを聞くと、誰が依存し、依存されているかがよくわかります。依存されている場合は首の方に来て、依存している場合は背中や肩の端の方に来るわけです。

布施　いや〜、実に面白いです。肩の凝り方で、人間関係がある程度わかってしまうわけですね。ほかにも例を挙げてもらえますか。

秋山　たとえば骨と肉は隣接しています。その骨と肉は、この世界ではものすごく重要な人間関係とか、根幹にかかわる住居とか、非常に人生や生活に身近なものを表しています。だから骨が折れるとか、骨と肉の炎症が起きるとか、軟骨がすり減ってダメになっていくときには、いろいろな意味で人生の根幹にかかわることに対する不和感、不調和感、裏切られ感といったものがあるはずです。

でもこういった枝葉末節の部分をやっていくと切りがないので、先ほど説明した全体の構造をまず把握して、大元の根幹部分でエネルギーを調整していくのがいいと思います。それだけでも全然違います。それをしっかりやっていけば、年を取らなくなります。要はこだわらず、面白がっていることです。それが一番簡単でいい方法です。

布施　確かに執着を絶って、面白がって生きれば、自由になりますよね。それだけでいいというのは、ありがたいことです。

＊＊＊

以上が、秋山氏がスペース・ピープルから教わったという身体論の神秘である。人間の体がどのように宇宙的に機能しているのかが具体的にわかれば、非常に役立つ知識ではないかと思う。実際に瞑想するときでも、ただ漫然と目をつぶって宇宙と交信を図るのと、自分の身体の機能を意識しながら瞑想するのとでは雲泥の開きが出てくるはずだ。

体に出る症状と想念に関連性があるという主張も面白い。その関連性さえわかっていれば、自分の心の状態を調整するだけで、体の維持管理も可能になるのかもしれない。

スペース・ピープルから学ぶことは多い。是非、試しにスペース・ピープルが教える身体論を使った瞑想や、健康体操を実践されてはいかがだろうか。そうすれば最終的には、我々の目には見えないが、すぐそこにある並行宇宙の存在にも気がつくことができるのではないかと思っている。

コラム2 「想念の時間旅行は可能か」

スペース・ピープルが想念を駆使して時間旅行をしているという話を聞いて、私はすぐにクリストファー・リーヴ主演の米ＳＦ映画『ある日どこかで』を思い出す。ホテル資料室に掛けられていた肖像写真の若くて美しい女性に出会うために、その女性が生きていた当時の服装に身を固め、自己催眠をかけて信念の力でタイムトラベルするという物語だ。昔、この映画を見た際、想念で時間旅行などできるわけがないと高を括っていたが、秋山氏からスペース・ピープルの話を聞くと、どうやら想念による時間旅行は可能なようだ。

想念ではなくとも、実際に過去へタイムトラベルしたと主張する人は日本人にもいた。食糧危機や文明破局論を唱え続けた官僚出身の食生態学者で探検家の西丸震哉（一九二三〜二〇一二）だ。彼は自分の過去世の一人であったという安禄山《あんろくざん》（七〇五〜七五七。唐の玄宗皇帝に仕えた叛臣《はんしん》）と自宅の書斎で出会い、安禄山と合体して玄宗皇帝の時代にタイムスリップしたことがあると著書に書いている。

私はてっきり冗談を書いたのではないかと思って、生前の西丸氏に取材したことがある。すると西丸氏は、「夢でも幻想でもない。（安禄山と）体が合わさったら、もう次の瞬間には玄宗皇帝の時代にいた。そんなに大変なことではなかった」と大真面目に語っていた。

取材当時は半信半疑であったが、スペース・ピープルが時空を超えて自由自在に宇宙を飛び回っていると聞いた今となっては、その無知さ加減に恥じ入るばかりである。

第5章

地球人のための「宇宙哲学サイエンス」

「宇宙船地球号」を操縦するための科学

秋山眞人氏によると、ＵＦＯは自分たちの身体の構造やシステムを真似て作られたのだという。我々が想念で自分のエネルギーを調整し、行こうと思ったところに行けるように、ＵＦＯもまた操縦者の想念でエネルギー調整をして、目的地に飛ぶのである。

これに関連してスペース・ピープルは、ＵＦＯは地球のミニチュアのようなものだと、よく秋山氏に語るという。それはどういうことか。どうやら我々一人一人には、ＵＦＯであると同時に、地球であり、宇宙であるという、一種の想念的な相似形の面があるということではないだろうか。つまり、地球という惑星も、人類の想念、つまり**人類の集合無意識に連動して動く**ということである。

秋山氏によると、精神状態が不安定なときはＵＦＯも不安定に動く。同様に人類の想念や集合無意識が恐怖や闘争心によって乱れると、地球も地軸がずれるといった不安定な状態になる可能性があるというのだ。「要するに、地球の自転軸というのは、地球人全体の想念のバロメーターのようなものなのです。つまり、地軸がずれつつあれば、それだけ全体の想念が乱れているということを意味します」と秋山氏は言う。

ということは、今の地球の科学で一番欠けているモノは、やはり想念が物質に与える現象の解明が遅れているということにほかならない。今の科学は、精神世界の科学に対する探究がおろそかになっているのだ。それを解明しないかぎり、おそらく我々地球人が「宇宙船地球号」をバランスよく調和を保って〝操縦〟することはできないのだろう。このままの物質偏重の科学では、遅かれ早かれ地球号は異常事態を迎えることになるはずだ。それは同時に、地球人が真に〝宇宙人〟に進化できるかどうかのキーポイントでもある。

この章では、地球人が現状を打破するために何をすべきなのかを考えるため、スペース・ピープルの「宇宙哲学サイエンス」とも呼べる物心一体科学をさらに深く探っていきたい。

地球人に必要な「与えよ、我に我を」の哲学

布施　地球人が真の宇宙人になるためには根本的に何が足りないのでしょうか。

秋山　スペース・ピープルは「いくつかの初動条件があるよ」と言います。その条件の一つが、自分というものを取り戻せ、目覚めよ、ということです。

意外に思われるかもしれませんが、この広大無辺の宇宙に飛び出た宇宙人のテーマが、

「与えよ、我に我を」なのです。宇宙言語では**「イデア　サラス　メカ」**と言います。宇宙言語というのは、太陽系語とも呼べる元々この太陽系にあった共通言語です。この約束された宇宙空間の言語形態の一つです。

ただしスペース・ピープルは、このように音声で伝える言語はもう使っていません。それどころか、スペース・ピープルにはモノに名前を付けるという習慣そのものがもうないのです。彼らは頭に思い浮かべるだけで、もうお互いにテレパシーで伝わるからです。言葉が基本的に要《い》らなくなっています。人の名前さえ不要です。

でもそれでは我々地球人にとっては不便ですから、言葉を使ってくれます。その際、言葉が要らなくなる手前にある言語宇宙の根源的な、太陽系のバイブレーションに合った太陽系語を宇宙人は知っているので、それを使うわけです。

太陽系にかかわる人たちの潜在意識というか深《しん》意識、あるいは一番奥に潜んでいる意識とは、その共通言語によってもちゃんと交信できます。だから「イデア　サラス　メカ」という言葉を唱えれば、私は私自身に対して「与えよ、我に我を」と宣言したことになるのです。

では、「イデア　サラス　メカ」のそれぞれに意味があるかというと、後付けでは「イデア」はプラトンの「イデア（時空を超越した非物体的・絶対的な永遠の実在）」のことだよね、とか「サラス」とは地球のことだよね、「メカ」はメカニズムだよねと言うことはできますが、それぞれを分けることはできません。「イデア　サラス　メカ」で「与えよ、我に我を」です。

布施　では「与えよ、我に我を」の真意は何ですか。

秋山　この言葉の意味は深遠です。「我に我を」とはどういうことか。逆に言うと、いつも「我」を疑ってかからなければならないということです。「我に」の「我」は本当に「我」なのか、と。今の「我」は陰謀に取り込まれ洗脳された「我」ではないかと、常に自問自答することです。すると、「我を」の「我」は洗脳されていない、宇宙に本当に存在する「我」であることがわかってきます。

つまりスペース・ピープルの哲学は、今の自分に対する問題提起から始まるわけです。**今の自分は、本来の自分に全然到達していない**というところから始まります。すると必然的に、本来の自分とは何ですかというテーマを掘り下げなければいけなくなります。

本来の自分は、すごく愛情に溢れていて、非常に心が落ち着いていて、限りなく優しくて、すごく運が良くて、将来において何でも成功する自分でしかありません。つまり、自分に問いかけたときに自分がホッとする自己像というのが本来の自分なのです。

スペース・ピープルは自分の中に、常に「本来の自分」を持っていて、その自己像を今の自分よりも高めていきます。そうすれば、自分は勝手にそこに行こうとすると彼らは言います。本来のあるべき自分に「梯子が架かる」という表現を使います。「イデア　サラス　メカ」とは、本来の自分に梯子を架けることなのだ、ともスペース・ピープルは言います。

私はスペース・ピープルと接触を始めた最初のころに、巨大なＵＦＯの光の中から梯子が降りてくる情景をよく見させられました。それは実際に見たこともあるし、テレパシーで見たこともあります。長い、細い梯子が巨大ＵＦＯから降りてきて、「登ってこい」というわけです。梯子の場合も階段の場合もありました。ところがテレパシーの場合、登っていく途中で、常にビジョンが終わるのです。

どうしてそのようなビジョンを見せるのですか、と聞いても、最初はスペース・ピープルも答えてくれません。しかしそのうち、その光や向かっていく先が見えてくるようになりました。階段の場合はその先にピラミッド状のきれいな階段が延びていて光があったり、何か大きな優しそうな人のシルエットがあったりしました。梯子の場合はその先に大きなＵＦＯがいて、そこに向かっていきます。そうしたビジョンを何回も見させられました。

そしてあるとき、突然にわかるのです。というのも、その光の中から自分を見ている自分を見るからです。自分が二つに分かれるわけです。光の中にいて登ってくる自分を見ている自分と、登ってくる自分です。「あっ、自分が登ってくる」と思っている自分に気がついて、驚きます。突然、あるレベルからそうした情景が見えるようになります。しかも、自分の視点というか意識は、登っている自分を見ている自分と、登っている自分の間を行ったり来たりし始めます。

そのとき、こつ然とわかります。「あっ、あの発光体や光の中の優しそうな人のシルエット、すなわち行きたくてもたどり着けなかった**理想的な発光体は、実は自分であったのだ**」と。

あの理想的な、自由を保証してくれる飛翔体であるＵＦＯそのものが、自分の体そのものなのだということもわかります。で、そのＵＦＯをコントロールしているスペース・ピープルは私でもあり、私自身がスペース・ピープルであるのだと悟ります。そのことを、身をもって経験させてくれたのが、梯子とＵＦＯのビジョンでした。

宇宙に続く階段や梯子を見たことがあるという人は、この教育を受けたことがある人です。これは「与えよ、我に我を」をわからせるための自学自習のシステムです。ただ稀に、「蜘蛛の糸」のように梯子の代わりにロープの場合もあるようです。

これが終わると、自分の中に理想の自分を常に育てようとするようになります。問題提起をしながら、「お前はバカだ。頭が悪い」などと人と比べられて恥をかいたという経験をしながら、あるいは葛藤しながら、どこか高みにある絶対的尊厳としての自分があることを意識できるようになります。辛いときには、その高みにある自分に祈ったり、高みにある自分をイメージしたりすればいいわけです。そしてドンドンその理想の自分を育てていくのです。
どんなに「我」を持っていても、人の意見に左右されるのが人間です。行き先が決まっていても、道草は食うし、寄り道もします。道に迷うこともあるでしょう。だが、常に高き理想の自分を心に抱き続ければ、それは夜空の北極星のようにあらゆる局面で私たちの人生の指針となり、行くべき道を照らしてくれるはずです。

テレパシー交信の窓口「サムジーラ」を育む

布施　常に高みに自分の理想を設定して、そこに向けて自分を駆り立てていくという生き方を実践しているのがスペース・ピープルというわけですね。それが教育の基礎の基礎というのは面白いです。その次のカリキュラムとして、秋山さんはどのような教育を受けたのですか。

秋山　心の中でイメージを正確に描くというトレーニングがほぼ同時に始まります。それは正確にテレパシーを送受信することです。そのテレパシーで、天に向かって梯子が架かるというビジョンを見て、「イデア　サラス　メカ」を理解することが入り口でした。

このようなビジョンを頻繁に見せられます。このビジョン的トレーニングをきちんとやっておけば、後々かなり役立ちます。スペース・ピープルは、こういった意識の中のイメージ構造を作る窓口、あるいはそこにテレパシーが来るイメージの窓口のことを「サムジーラ」と呼びます。

サムジーラはＵＦＯの中のスクリーンにも使われています。でも単にＵＦＯの中のスクリーンのことを言うのではなくて、スペース・ピープル側から地球人に送ってくる〝啓示〟もそのスクリーンに現れてきます。だから、スペース・ピープルと自分、違う宇宙存在と自分とが共同で両サイドから書き込めるホワイトボードです。それも単なるホワイトボードではなくて、映像が送れるボードです。

サムジーラが出てくると、スクリーンをもらうという感覚、自分の目の前にスクリーンがあるなという感覚を持ちます。そのサムジーラ自体も育てていってシャープにする必要があります。このホワイトボードを使えば、こちらからもそこに書き込めるし、いろいろなイメージを見せてもらったり、メッセージを映像で受け取ったりできるわけです。

実は先ほど説明した「イデア　サラス　メカ」に気づいた人は、それに近いビジョンを、サムジーラを使ってどこかでもらっているはずです。この話を聞いて「なるほどね」と思った人はどこかで必ずもらっています。そのことに気がついた瞬間に、次に何が起こるかというと、シンクロニシティと夢や啓示のビジョンが整理されていくようになります。「あっ、わかった」ということが増えていきます。わかることによって、サムジーラもきれいに整備されていきます。

サムジーラが整理されていないと、部分的に映像が来たり、何だか意味がわからないメッセージだったりします。わからないから一応頭の中に留まった状態になります。こちらからも感情的なものをサムジーラに書き込んだりすることになります。すると、混線のような状態になり、変な夢ばかり見るわけです。

逆にサムジーラが整理されてくると、非常にわかりやすい夢を見ます。夢がものすごく活性化します。しかも現実にはみ出してきます。ちょっと転寝《うたたね》しただけでもわかりやすい夢を見るようになります。すると、受け取るメッセージも非常に明確になり、自分の夢解析がしっかりできるようになります。

だから入り口は「イデア　サラス　メカ」です。その概念がわかったら、今度はサムジーラという窓を使って、ビジョンがわかるようになります。梯子の意味がわかって、ビジョンの意味もわかるわけです。その次に出てくるのは、それのさらに発展系とも言えるものです。

偏ると梯子は傾き落ちてしまう

秋山　サムジーラの窓を使って送られてくるビジョンの中でいろいろなコンタクトが始まって、その次にわかってくるのが、この宇宙のいろいろな仕組みです。特に、自分がそれまでの人生で疑問に思っていることとか、自分が本当に知りたいこととか、本当の自分が天命だと思っていること、先祖が自分にやらせたがっていることなどの映像が見えてきます。自分の人生を動かす根本的な仕組みがポイントとなってきます。

最初のころは、古代文字のような象形文字が出てきました。そしてビジョンが見えた翌日になると、猛烈に手が動き始めて、何かを描きたくなりました。自動書記が始まったのです。もうノート何冊にも古代文字のようなものをびっしり書きました。とにかく書き始めたら書き切るまで止まらないのです（図17）。

その自動書記で書いたものは、ビジョンで見えたものとは不可分で、その発展系でもあります。つまり、頭に送られてくるビジョンはシンプルなのですが、それが複雑に発展したものが自動書記で出てくるわけです。サムジーラから発展して、今度は自動的に書くという力がドンドン出てきます。それは、誰の真似でもない書く力、描く力です。

私は今でも絵を描き続けていますが、誰にも習ったことはありません。もちろん小学生のときに絵画教室にちょっとだけ行っていたことはありますが、あれは習ったうちに入りません。とにかく絵でも何でも描けるようになります。サムジーラとつながると、表現衝動が起きるのです。で、表現しながら、自分の本当の能力とは何かとか、本当の自分の感情とは何かとか、本当の自分は宇宙とこんなにもリアルにつながっているのだなということがわかってきます。

図 17　自動書記で書かれた宇宙文字

ただし、ここに最初の大きなゲートがあります。このゲートはなかなか重くて開きません。ここで、自信のなさから落ちていく人と、逆にすごく進化する人がいます。

どうして脱落するかというと、妄想とサムジーラの区別がつかなくなるタイプの人がいるからです。あるいは発展的な意味を失ってしまう人がいるからだとも言えます。だから、最初の「イデアサラス　メカ」がしっかりとできていないと、目標を失ってしまうのです。本物のすごい自分をきちんと確立するためには、階段を上っていかなければならないという構造をはっきりとさせておかないと、転げ落ちてしまうわけです。

その階段の部分を忘れてしまって、自分が神だと信じ込んでしまうと落とし穴に陥《おちい》ります。周りの人が愚か者に見えて、皆間違っているというように思い込みます。

「イデア　サラス　メカ」の概念がちゃんと確立できており、努力の途中の自分と絶対なる自分の両方を認識できなければいけないわけです。絶対なる自分は万能だから神みたいなものですが、でも絶対なる自分を運慶（鎌倉前期の仏師）のように「彫り上げていく」作業が必要なのです。そこが面白いのです。それが今のポジションなのです。

もう絶対なる自分になったわけではありません。絶対なる自分は常に高みにあり、それ自身も進化していく必要があります。

我々は学習が大好きな存在なのに、学習の途中で偏ってしまってはいけないのです。梯子はちょっと偏ると倒れます。階段も一つ踏み外せば転げ落ちます。だからビジョンの中に出てくる梯子は本当に細くて、長いです。正直に言って怖いです。梯子はツルンと滑ったらそれで終わりだし、階段の場合も後ろを振り返るのが怖くなるような急な階段です。そのティオティワカン（メキシコ）のピラミッドのような急な階段をせっせと登っていくわけです。

振り返ったら、頭がくらくらしてアウトです。

その時点で「イデア　サラス　メカ」にはもう一つ示唆があることに気がつきます。それは、振り返ったらアウトだということです。つまり死を考えたらアウトなのです。絶対なる尊厳や絶対なるリスペクトを持てる自分に至る確信を育てるためには、振り返らずに一歩一歩登らなければいけないのです。

梯子にも示唆があります。確実に摑《つか》んだらその手を放さなければ次のステップに進めないということです。いつまでも同じレベルにしがみついていてはいけないのです。摑んだら放す。手放すから上に行けるのです。アウフヘーベン（止揚・矛盾する諸契機の統合的発展）は続くのです。それを象徴するのが梯子とか階段です。エスカレーターではないのです。最初から理想天国にいるわけでもありません。だから登っていくプロセスのビジョンからは、いろいろなことが学べます。

潜在意識の言語は形態言語、もしくは映像言語ですから、その形や映像にどのような意味があるかということに気づきながら、そしてそれをかみしめながら学習していかなければいけないのです。

コラム3「3つの大きな落とし穴」

理想の自分である「我」への道は長く険しい。しかも、いくつもの落とし穴が待ち受けていると秋山氏は言う。この落とし穴について考察してみよう。

その一つの落とし穴が、「理想の自分」と「現在の自分」を同一視してしまうことだ。「理想の自分」とそれに向かって「向上し続ける自分」の両方を明確に認識することが必要だという。なぜなら人間は、既に「理想の自分」に到達したと思うと、向上しなくなるからだ。まだ階段の途中にいるのに既に頂上に上り詰めたと勘違いするようなものである。それは向上の放棄にほかならない。

次の落とし穴は、下を見てしまうことだ。高所から下を見ると、確かに怖い。あまりにも地上という〝現実〟から遊離すると、恐怖心が生じるものなのだ。たとえば「会社を辞めたら食べていけなくなるのではないか」「別れたら生きていけない」という思い込みや、既得権益を手放せないのも恐怖心から発せられている。生きるために「理想の自分」を見限ることは、明らかに理想の放棄である。

三つ目の落とし穴は、偏ることだ。梯子も階段もどちらかに偏ればバランスを崩して落ちてしまう。右に偏れば右に落ち、左に偏れば左に落ちる。実はこれは最も陥りやすい落とし穴であるように思われる。というのも、人間は自分の嗜好《しこう》に固執したくなるものだからだ。好きだからといって右に寄り、嫌いだからといって左に寄る。

しかしながら、右の手すりにしがみついたままでも左の手すりにしがみついたままでも梯子は登れない。左右の手すりを交互に手放さなければならない。つまり好き嫌いの執着や、場合によっては善と悪の既成概念を手放す必要もあるわけである。

なぜ好き嫌いの執着や善と悪の既成概念を手放さなければならないのか、と訝《いぶか》る人も多いと思う。悪を切り捨て、善に励めばいいのではないか、と。そこで授業は次のカリキュラムに移り、「二つの柱」が出現する。

二つの柱とはゲートのことで、月と星とか、月と太陽とか、母性原理と父性原理とか、陰と陽の対《つい》を成すペアが二本の柱のシンボルとして現れる。ところがこのどちらかに偏っていると、対極の柱が見えなくなる。対極を嫌っているかぎり、ゲートも開かないというのである。

これが、好き嫌いの執着や善と悪の既成概念を手放さなければならない理由だ。

善に囚われすぎると、悪の本質が見えなくなる。悪に染まれば、なおさら善はわからない。同様に好き嫌いにこだわっても、本当に大事なことや物事の本質が見えなくなる。

対極がまったく理解できなくなるのだ。

秋山氏によると、この象徴的な門はその人の意識や想念によって開いたり閉じたりする。その想念のバランスによって、門の幅も広がって多くを受け入れたり、狭まって狭き門になったりするのだという。

つまり、異なるもの、対極にあるものを受容して理解しなければ門は通れないし、前に進めないのである。この宇宙では、一つの柱にしがみつけば、次に進めない仕組みになっているのだ。

同じテンションの人と出会うときの罠

布施　ビジョンの中身がある程度正確に読み取れるようになった後は、どのようなことが起きたのですか。

秋山　ビジョンをある程度自由に見ることができるようになってくると、いろいろなことが面白くなってきます。すると、面白いことはもっと大きなキャンバスに描こうと思うようになります。そしてしょっちゅう人に会いたいなと思うようにもなります。ここから劇的に変わっていきます。人と会うという段階に進みます。しかも同じようにサムジーラを共有できるような人たちと出会うのです。

人と会い始めると、最初は自分とテンションが同じくらいの人と会うのが好きになるのです。ところが、ここにも罠があります。同じようなテンションの人同士というのは、だいたい二人の間だけで盛り上がって、それで終わりになってしまう場合が多いのです。そのテンションを現実に落とし込むことができないで終わってしまうことがよくあります。そうすると、ただのカルトと同じです。

同じようなテンションの人同士だと、たとえば「牧場に住んで共同体を作ろう」「山の中で、皆で一緒に暮らそう」とかいう話になってしまいます。極端な場合は、皆で集団自殺してしまうという事態にもなりかねません。あるいは三年も四年もしないうちに、お互いに理想をぶつけ合って大げんかになったりもします。このような落とし穴があります。

これはどういうことかというと、「人と自分を比べるな」とか、「人にテンションを依存するな」といった問題の整理をしなければならないということなのです。でもこれだけは、実地訓練を実際にやらないとわからないのです。試してみて、わかることです。一種のサバイバルゲームのようなものです。

私はそういう時期が長くて、整理ができるようになるまで十年くらいかかりました。やはり、「傷つけてしまったかな？」「傷つけられたかな？」と思うような迷いをたくさん経験したからよかったと思います。そのことは、今でも鮮明に覚えています。

だからこそ、テンションを上げつつも、現実的なところに落とさなければいけないのです。それは現実の社会でちゃんと独り立ちして、生きていかなければいけないということでもあります。

ビジョンを感じ分けるための３つの因子と３つの波動

布施　ほかに何か落とし穴や注意すべきことはありますか。

秋山　セミプロの人の中には、「私はスペース・ピープルとコンタクトしてビジョンも見えるし、霊的なものを感じることができます」という人はたくさんいます。スペース・ピープルレベルではサイキックという言葉はあまり使いませんが、いわゆるサイキックな人、宇宙的直感情報に目覚めた人はたくさんいます。

でもここがポイントなのですが、精神のサムジーラが完全に正確に開いた状態の人はそれほど多くはいません。先ほど説明したように、そのサムジーラが完全に開いた状態の人を「アオスミ」と呼びます。わかりやすい言葉に直せば、ビジョンを見る人、時間と空間を超越してビジョンが見える人です。ビジョンはスペース・ピープルからも、霊的なものからも、両方から入ってきます（１４５ページの「アオスミの図」シンボル参照）。

この段階では、見えたビジョンに縁のある人がやってきます。

ここで注意しなければならないのは、今来ているビジョンが先祖なのか、スペース・ピープルなのか、それとも自分の前世なのかをはっきりと読み取ることです。単により物質的な、物体にまとわりついているモノなのか、過去からのモノなのか、宇宙人的な未来からのモノなのかを分けて整理する必要が出てきます。それらの情報伝達因子を見分ける作業が不可欠になります。

そうした情報を持った粒《つぶ》的な要素、情報伝達因子は、**「ルンク」「エルテ」「バダ」**の三つに分けることができます。ただしこの因子は、エネルギーとか粒子とか電子とかとは言い難いものです。おそらくまったく違うものです。あくまでも「粒的な情報伝達因子」としか言いようのないものです。まずこの三つの因子を感じ分ける作業が必要です。

一番目のルンクという因子は、主に広く無機質の物質に付随して動き回っている因子です。その物質の周りを含め、物質がある空間を物質に沿って動きます。たとえば、ここに机があります。ルンクはこの机の形に添うようにして、動き回っています。

これとは別に有機質の物質にかかわって、すなわち「生命」に結集する因子があります。これを総称してエルテと呼びます。この因子は、我々の先祖と深く結びついている場合が多いです。ルンクとエルテはリンクしています。

このルンクとエルテを間接的かつ部分的に観察したものが、今までスピリチュアルな世界では「エクトプラズム」とか「精気」とか「プラーナ」などと言われてきたものに非常に近いです。本当に部分的ではありますが、能力者はルンクやエルテをそのように表現することがあります。

三番目のバダは、非常に表現が難しいのですが、中心となる意味、何かを集合させる意味と関係する因子です。無機物と有機物に関する因子があって、その二つの流れの因縁となる意味の因子です。

で、その意味が宇宙の意思とつながって起こる現象を**「ルルー」**と言います。このルルーは因子というよりは、「超越子」と呼ぶべきものです。波動も粒子も超えたものです。

この三つの因子と「超越子」のほかに、波動的なものが三つ存在します。それが「ワ（WA）」「ウォウ（WOW）」「ムー（MU）」です。**始まりを作る初動的な波動が「ワ」、中間の持続・維持を司る波動が「ウォウ」、終焉をもたらし次に切り替える波動が「ムー」**です。

これが多分、「阿吽《あうん》」とか「オーム」とか「アルファ　オメガ」「A　Z」で表現されてきた波動なのだと思います。

ルルーが発動されると劇的な変化が起こる

秋山　ですから、ルンク、エルテ、バダという三つの因子と、ワ、ウォウ、ムーという三つの波動が組み合わさって、さらにルルーの裁定によって構成されるのが、この世界であり、この宇宙なのです。

別の言葉で説明しましょう。三つの因子と三つの波動が複雑に組み合わさって動きが取れなくなったときに、人間の力や観察者の力ではどうにもならなくなります。そのときに超越子であるルルーが宇宙からバーンとやってきて、ゴチャゴチャ、ガチャガチャになった仕組みを解除したり解きほぐしたりして、改良することができるのです。困ったら神頼みするようなものです。「ルルーお願い」と言って、スペース・ピープルに頼んでルルーを引っ張り出すしかなくなります。

これは量子論が主流になる前の昔に、私がスペース・ピープルから聞いて一部のメディアに出したこともある話です。元々スペース・ピープルは波動と粒子があることを知っていたわけです。この謎の波動的なものと、粒子的なものの融合がすべてを構成しているのだと教えてくれました。

地球の歴史を見ても、ときどき発生する突然変異は、ルルーの発動だと思います。たとえば人類進化のミッシングリンクと言われるところには、ルルーの裁定があったはずです。進化が行き詰まったからしょうがない、猿の中に人間の魂を入れてしまおうか「ボン」という感じで、ルルーが何かを外側からやったのだと思います。

ルルーの裁定には、非常に古い意思と非常に先の未来がつながっていて起きるような感じがします。つまり非常に古い意思と先の未来が糸でつながってループ状の完結体を形成しているのです。その完結体がときどき「糸がほつれてきたから結び直すか」と思ったときにルルーが発動されるわけです。すると、「ちょっと赤い糸を入れてみました」「麻糸で幣《ぬさ》を付けよう」みたいなことが起こります。何か変化を与えます。

それによって、三つの因子と三つの波動による組み合わせの振動みたいなものがあって、ルルーがそこに劇的な変化をもたらすことになるのです（200ページの図18参照）。

三つの因子を体で感じて読み分ける

布施　三つの因子のそれぞれについて、波動との違いを含めて、詳しく教えてもらえますか。

秋山　ルンク、エルテ、バダの三つの因子は結構、コントロールすることができます。一方、波動をコントロールすることは難しいです。能力者にとっても、波動の流れには抗しがたいものがあります。終わるのはいつか、始まるのはいつか、いつまで続くのか、といったことには抗《あらが》えません。むしろ我々は波動に動かされます。

これに対して三つの因子は、我々でも動かせます。たとえば、霊的な世界の素粒子みたいなものに、いろいろな情報なり想念なりを注ぎ込むと、ルンク、エルテ、バダになります。ゼロ素粒子みたいなものはあるのです。その素粒子はどんなものにも変化します。

そのいろいろな情報を持ったルンク、エルテ、バダが、本当のあらゆる物質の生みの親なのです。あらゆる光、あらゆる電磁波、ありとあらゆるものの生みの親です。粘土のような素材でもあります。人間の意識が子供だとすると、子供が遊んでいる粘土みたいなものです。それらは当然、最初から人間の想念とかかわっているし、想念が照射した「共同アパート」とも呼べる集合無意識の構造を作る素材でもあるわけです。

宇宙は最低でもルンク、エルテ、バダという三つの因子の束でできているということは、我々もまた三つの因子からなっている可能性が強いということです。私たちの霊というものが、「先祖から来るもの」と、「物質から影響を受けているもの」と、「自由自在に生まれ変わるもの」で構成されているのと同じです。

エルテは先祖と、ルンクは物質と、バダは自由自在の宇宙とそれぞれ関係があります。その三つの因子を、考えるとか思考的に覚えるのではなくて、体で感じなければなりません。スペース・ピープルが教えてくれる最初の学習では、徹底的に体で感じさせられます。何か「シューッ、シュワシュワ」と流れていくもの、動いているものを感じさせられます。

そのうちにその流動体が日によってこっちに流れていっているとか、そっちに流れていっているとか、今日はブリザード（暴風雪）のように激しく動いているとかがわかるようになります。

よく間違えるのは、この流れを波動だと感じてしまうことです。確かに波打ち際のような感じを受けますが、これは波動ではなく粒子の質、もしくは粒子の流れのようなものです。粒子がどういう情報を持っているかという質です。

それをキャッチして解析しているのが、脳の中央の部分です。松果体を含めて海馬とかの奥の方にあります。それを私自身が理解するために、表層意識に持ってくるという作業をします。そのうえで全人類が持ってきている過去のデータと照らし合わせます。脳は単なる受信機です。だから脳や脳髄がすべてであるという唯物論は間違いです。

その脳に電気を通して反応するのは当たり前のことです。受信機ですから電気信号にも反応します。ですから、絵を描いていると頭の前の方に血が偏るから、そこがイメージ野ですなどと説明する脳科学では、本当の宇宙はわかりません。

ルンクから得られる時空を超えた情報

秋山　ルンクからどのような情報がわかるかというと、たとえばここにある机に関する、時間と空間を超えた情報を読み取ることができます。どういう人によって、どのような感情でこの机が作られたかなどが瞬時にわかります。それを言葉で説明するのは非常に難しいです。

別の例を挙げると、ここにワニ革の名刺入れがあります。ルンクがわかると、これを持った瞬間に「えへん」という得意気な感情を読み取ることができます。というのも、このワニを獲った人はそのときすごくうれしくて、誇らしく「えへん」と思ったことがわかるからです。

しかもワニ革を縫製して作った人も、渋々作ったのではないこともわかります。むしろ「きれいに作りたいな」と、職人として一生懸命だったことを感じます。だからこの名刺入れを買うときに、光って見えたり、呼ばれているように感じたりするわけです。つまりその物がどのような成り立ちで作られたかの性質がわかるのです。この場合は「喜び」のテンションの中で作られた名刺入れであることになります。

人によっては、ワニを獲ることが道徳的に間違っていると思いながらワニ革の名刺入れを作る人もいます。そういう人たちが作ったワニ革の名刺入れは買いません。作り手の「後ろめたさ」を感じるからです。

バダから得られる未来・宇宙の情報

秋山　エルテからわかる情報は、先ほども述べたように先祖からのメッセージです。当然、先祖から累積されている情報は、いいものがたくさん累積されているから、その生き物の個体が存続しているわけです。有機体である生き物は弱いです。それが存続しているということは、その生命体がものすごくいい情報を吸収しているからです。だから、先祖から今の生命体にチャージされている因子であるエルテは、非常に重要であることが自然とわかります。

そこには〝先祖ホログラフ〟と呼べるような仕組みの情報が全部あります。ちゃんと先祖の思いとつながることができます。この場でその先祖たちと会話することもできるのです。それが先祖霊と呼ばれているモノです。

同じ霊的ホログラフ因子でも、ちょっと例外的に生霊《いきりょう》や地縛霊《じばくれい》のようなものもあります。それらにもアクセスすることが可能です。霊的ホログラフ因子が因縁の場所にも刻まれるからです。

七福神や龍神など精霊・妖精系の存在と会話したりできるのも、どちらかというとこのエルテが介在しているからだと思います。ものすごく古い先祖は、既に霊的に進化して未来人になっています。未来ともつながっています。すると、天使のように羽を付けたり、ペガサスのように馬になったりすることも自由にできるわけです。

そうなると、そこに介在するのはもうバダの因子です。小さい意味、統合的な意味、さらに宇宙とつながる意味といった、意味に関係する因子です。

今の科学では意味を伝える情報物質の正体はわかっていません。実はその正体がバダなのです。そこから重要な情報因子を拾うレンズと交信機が脳です。骨と肉を合体させるのも脳です。その間に水を通し、鉄分を通します。電気刺激と神経です。

この構造体をコントロールすることによって、より重要な粒子をチャージします。粒子をチャージするための構造体が脳なのです。脳はパラボラアンテナのようなものです。パラボラアンテナでキャッチした情報を背骨と仙骨を通じて全身に伝えます。

脳の構造は、頭、目、背骨、仙骨までが一つの単位になっています。そこから神経の枝が分かれています。それに水（液体）を巡らせるための臓器があって、これが第二脳です。性器は第三脳と言っていいと思います。人間の体はおおまかにそのような構造になっています。

また、ルンク、エルテ、バダといった因子が集まりやすいのは、水があるところです。鉄、静電気、カルシウム、石灰、長石、雲母《うんも》、水晶にもまとわりつきやすいです。特にルンクはその性質が強いです。かつ特定の形にまとわりついたりもします。

バダによって説明できるシンクロニシティ現象

ここで秋山氏がスペース・ピープルから教わったという三つの因子について、私なりの解釈を紹介しておこう。秋山氏がこの三つの因子の名前を明らかにして、宇宙の構成の有様《ありさま》を説明するのは著作物では初めてである。

私の理解では、無機質にまとわりつく性質があるのがルンクで、有機質にまとわりつく性質があるのがエルテである。この二つはどちらかというと過去の情報と関連が深い。つまりルンクであれば、その無機物がどのような経緯をたどって現在に至ったかを記録している付属因子であり、エルテであればその有機物がどのような歴史的、遺伝的、霊的な継続性を持って現在に至ったかを記録している付属因子ということになる。

ところが、これまでの歴史や過去にこだわらず、意味に付随して飛び回っている時空を超えた因子がある。それがバダだ。

これには思い当たる節がある。秋山氏との共著である『シンクロニシティ「意味ある偶然」のパワー』で詳しく触れたが、意味が時空を超えて共鳴するような現象があることを知っているからだ。十年後のビジョンや自分の想念がいきなり飛び込んできたり、十年前のビジョンや記憶が突然、時には強烈なフラッシュバックを伴いながら、浮かび上がったりするのは、おそらくこの因子が介在している。言い換えると、そのような因子を想定しないと、シンクロニシティを説明することはできないのだ。

それは一種の想念の方向性に付随する因子なのではないだろうか。想念の方向性によってある特定の意味が生じたときに集まってくる因子である。元を糺《ただ》せば、同質結集の法則（同じ質のものは自然と集まる）を司る因子であると言えるのかもしれない。

たとえば秋山氏はよくＵＦＯ観測会で、皆がある心の状態になった瞬間に一気にＵＦＯが出現し、それはその心の状態が続く間は起こり続ける、というような話をする。つまりそのことは、我々の想念とスペース・ピープルの想念のベクトルが、同じ方向に交わるようなことが起きて初めてＵＦＯと交信できるようになることを示唆している。そこに介在するのは、紛れもなく、想念の方向性が作り出す「意味の因子」である。

この感覚がつかめると、想念によって未来の世界からＵＦＯを呼ぶこともできれば、未来や別の時空間のスペース・ピープルらと自由自在に交信できるようになるのである。なぜなら意味的なモノに集結する性質を持つバダという因子が宇宙には満ちているからだ。

そう考えると、なぜＵＦＯが我々の想念と直結して瞬時に光って応答するような芸当をわざわざ見せるのかという理由もわかってくる。彼らはそのようなシンクロニシティや意味に付随する因子があることを意図的に教えようとしているとも解釈できるからだ。秋山氏が体験したようにＵＦＯは想念で動くのである。

そして、これらの因子をちゃんと見分けられるようになれば、秋山氏が言うように、スペース・ピープルと霊を混同したり、先祖霊と生霊を混同したり、また我欲や願望と未来に起こることを混同したりすることもなくなるのではないだろうか。以上が私の解釈である。

それでは引き続き、秋山氏がスペース・ピープルから聞いた宇宙の因子・波動論に耳を傾けてみよう。

スペースクリエーターは〝究極の反応体〟

布施　三つの因子の話は初めて聞きました。特にバダはシンクロニシティ現象とも関係があるような気がします。

秋山　意味ある偶然の一致として知られるシンクロニシティは、異なる時空間を意味で引き寄せる現象ですが、確かにそこにはバダがかかわっていると思います。バダが時空をスキップさせている感じがします。当然、バダにはスペース・ピープルとか、遠い先祖とか、スペースクリエーターがかかわっているわけです。スペースクリエーターとは「創造の意志」とも「創造の宇宙意識」とも呼べる存在です。

この三つの因子と比べて、明らかにルルーは違うものです。普通は何か一滴垂らせば秩序が続いていきます。ビッグバンと同じで、一度ポンと発生すればその秩序は続いていくものです。ところが、部分的に「あっ、ちょっと絡んだようだ！」ということが起きて、その絡んだところにゴミが溜《た》まるような事態が発生します。それをピンッと弾くために、スペースクリエーターがルルーを発動させるという図式があるのです。

布施　ルルーを発動させるスペースクリエーターとは、いわゆる神のことなのでしょうか。

秋山　いわゆる依存的な信仰の神とは異なる存在です。地球上にはいろいろな信仰がありま す。その信仰には大きく分けて、依存的信仰とそうではない信仰があります。その依存的信仰はやはり危険です。

今までのカルトを見てもわかりますが、「きっと、神はこうであるに違いない」とか「神はこうあるべきだ」と思うことによって安心する傾向が読み取れます。「神は人間が万物の霊長であると思ってくれている」などと考えることも同様です。私から見れば、「そう考えるのは自分に自信がないからでしょ」と言いたくなります。

これらは激しい依存です。この依存によって、「こんなに祈ったのに、神は願いをかなえてくれなかった。神はいないんだ」と思って、親殺しを始めます。まったく間違っています。

スペースクリエーターというのは、依存的信仰とはまるで無縁のものです。スペースクリエーターは究極の反応体であると思った方がいいです。究極の反応体は、全知全能であるというのは当たり前で、この宇宙の「やった」「やられた」の反応をすべて把握しています。言わば、「反応の意志」みたいなものです。

だからどんな働きかけに対しても、どのような反応をすればいいかが瞬時にわかります。

そういうものと直結しているのが、スペースクリエーターです。ルルーが発動されるのは、ものすごく偏っているときです。だからルルーは、神が怒って発動するのでもなければ、かわいそうだからと言って発動するものでもありません。

〝絡み具合〟とルルーの発動には、究極の反応体なりの基準があります。その基準に沿って、奇跡を起こすこともあります。奇跡の基準があるのです。何十年、何百年も先を見越して、知り尽くしたうえで究極の反応体は、奇跡のような現象を起こします。個々を一〇〇パーセントも二〇〇パーセントも知っているからそれができるのです。確かに神様は大きなことで動いている面もあるのですが、個と全体が同等なのです。個と全体が連動しています。それに対して反応しています。

それは完全理想の意志でもあります。まさにプラトンの言うイデアです。スペースクリエーターはスーパーイデアです。当然、愛なんてレベルはありません。人間の愛なんて気分屋みたいなものではないですか。だから、スペースクリエーターはお友達だからといって優遇することもなければ、気に入らないからといって罰することもありません。言ってみれば、完全平等、完全博愛、完全自由です。そこにあるのは完璧な反応だけなのです。

本来なら我々がそのスーパーイデアとつながっていればいいのですが、そうならないのが現実です。逆に「絡み合いの悪魔」みたいな構造を作っているのが私たちです。

三つの因子と三つの波動と超越子

因子	ルンク	無機質にまとわりつく性質がある因子。
	エルテ	有機質にまとわりつく性質がある因子。
	バダ	意味に付随して飛び回っている時空を超えた因子。
波動	ワ	始まりを作る初動的な波動。
	ウォウ	中間の持続・維持を司る波動。
	ムー	終焉をもたらし次に切り替える波動。
超越子	ルルー	三つの因子と三つの波動が複雑に組み合わさって動きが取れなくなったとき、人間の力や観察者の力ではどうにもならなくなったときに発動される超越子。ゴチャゴチャになった仕組みを解除したり解きほぐしたりして、改良することができる。
	ラルカ・ルルー	ルルーの中でも一番高位のエネルギーを持つ超越子。

少なくとも私たちは、いいと思ったことを最後までやりきってみることが大事なのです。それだけでもかなりのことがわかってくるはずです。ではどこまでやったら「やりきった」と考えるかという問題があります。その答えはやはり、評価、賞賛といった反応が返ってきたと認識できたときではないか、と思います。あるいは宇宙に受け入れられたと感じられたときです。つまり今までの自分の枠を超える喜びにつながったときに、「あっ、終わったんだ」と考えるべきです。

自分を知るには他者の存在が必要

秋山　ルンク、エルテ、バダの因子と、ワ、ウォウ、ムーの波動、それにルルーの話は、それだけで修行論をすべて内包するくらいの話です。でもこれがある程度わかってくると、人のしがらみが見えてきます。人とモノのしがらみも見えてきます。

ほかにも「守り」と「冒険」の本質的な違いも明確になってきます。この二つは当然つながっているのですが、そのグラデーションがはっきりしてきます。「勇気」と「愛情」のグラデーションも明確になります。不思議なのですが、対極のモノ同士は対極ではあるけどつながっているという輪郭がある程度わかってきます。

バランスが大事だとか、調和が大事だとか皆言いますが、それは結構激しく摑《つか》まないとわからないものでもあります。たとえば勇気と愛情の問題であれば、剣を持って戦いに行くときに、母親が「やめなさい。剣なんか持って戦いに行くのは、死にに行くようなものだから」と引き止めている間に、爆発があって皆死んでしまうようなことも起こりうるわけです。

一人の勇者が戦いに行くという話は神話の中にもたくさんあります。戦いは悪いと皆わかっています。だけど勇気をもって危険を冒すことによって、何かのバランスが取れるという強い信念をもって戦いに出掛けるヤマトタケルという勇者と、戦いではなく愛に生きようとする光源氏のような公卿《くぎょう》の間にもグラデーションがあるわけです。こうしたグラデーションは追っていくと、全部わかってきます。

このように、ルンク、エルテ、バダ、ワ、ウォウ、ムー、ルルーの7つの構造がわかると、瞬時にいろいろなことがわかるようになっていきます。

ただしその中でわかりづらいのが、自分の体とか、家族のことです。身近なことは本当にわかりづらいです。というのも、わからないようにできているのです。ですから、身近なものに関しては自分で法則性の研究をしなければいけないわけです。法則性の研究においては、情報分析という既成科学的なことをする必要が出てきます。批評、批判、評論、突っ込みなどをしっかりやらなければなりません。

歴史上、偉人たちが皆、家族に悩まされ、皆、自分の病に泣かされるのは、どんなに優秀でも自分の問題はデータ処理しなければならないからです。自分の能力や直感ではなく、環境や外側からの視点に頼らなければなりません。自分の一番身近なところを知るためには、環境や他者に頼らなければならないのです。このパターンそのものが、実は宇宙全体の入れ子構造になっています。

布施　宇宙全体の入れ子構造とは、どういうことですか。

秋山　人間は身近に視点を置くと、わかりづらくなるという性質があります。言葉にしようとするとわからなくなるのと同じです。ですから、「わかる」という視点を自分の外側に置かなくてはならないのです。

他人の目を通すと自分がわかるのです。それは人間だけに適用されるのではなく、ミクロの世界からマクロの世界まで、同じような構造になっているということです。自分を知るために他者が存在するという構造がそこにあるわけです。

次に出現するのは陰と陽の二本の柱

布施　粒子や波動が読み取れるようになった後、どのような教育が始まるのですか。

秋山　スペース・ピープルたちはその次の段階においては、そういう環境学的なモノと体の関係とか、家族関係と心とかをたくさんインストールしてきます。

そして、その次に最初に出てくるのはゲートの話です。二つの柱のシンボルが必ず見せられます。月と星とか、月と太陽とか、母性原理と父性原理とか、陰と陽の対を成す二つのシンボルです。ここで学ぶのは、相対という法則性の問題です。

それは同じように見えて違うという法則でもあります。対称的に見えて少しずつずれます。同じような二つの柱は、実は違うのです。そういう二本の柱でできた門が見えるわけです。

その門は開いたり閉じたりします。門の幅も広がって多くを受け入れたり、狭まって狭き門になったりするときもあります。とにかく、母性と父性の象徴をたくさん見せられて、門が出てくるのです。

基本的には丸と四角です。丸が宇宙や天を表す父性で、四角が大地を表す母性です。相撲の土俵も同じです。あれこそ四角（盛り土）の中に丸（土俵）があります。この天と地、父と母の間で生じるキャッチボールは結構面白いです。

有名なコンタクティーのジョージ・アダムスキーも似たような金星文字のシンボルを使っています。ＲとＲを並べたようなシンボルで、左のＲと右のＲは大きさや文字の装飾が微妙に異なっています。あれも父性原理と母性原理を表しています。

粒子・因子と波動の問題は、シンボル的には波動はギザギザの星形で表され、粒子はそのギザギザの先にある小さい丸で表されます（図18の右図。１９５ページの表「三つの因子と三つの波動と超越子」も参照）。星形の尖った部分は波先を表しています。で、星形の中央には目が書かれています。この目は、スペースクリエーターのすべてを見渡せる目やルルーを表します。

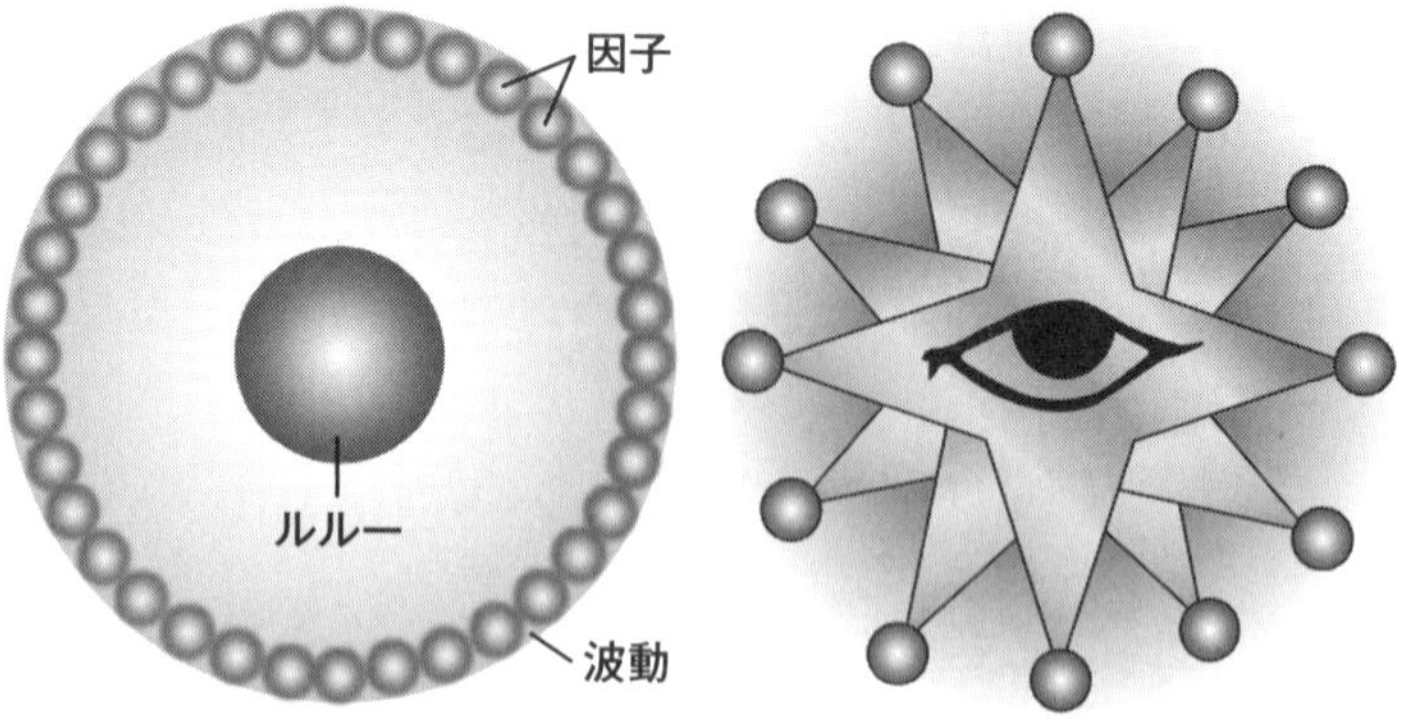

図 18　（右）三つの因子と三つの波動とルルーの図。12 の球体は太陽系に共鳴関係を持つ 12 惑星を示す。十字が３つ重なっているのは、思考・感情・感覚・直観を有する生命体が存在する３つの世界が、この太陽系の星々と時空を超えて交差していることを示す。中心の目はすべてを見ている創造の意志、そして共通の法則を表す。（左）大きな円で描かれた波動の図

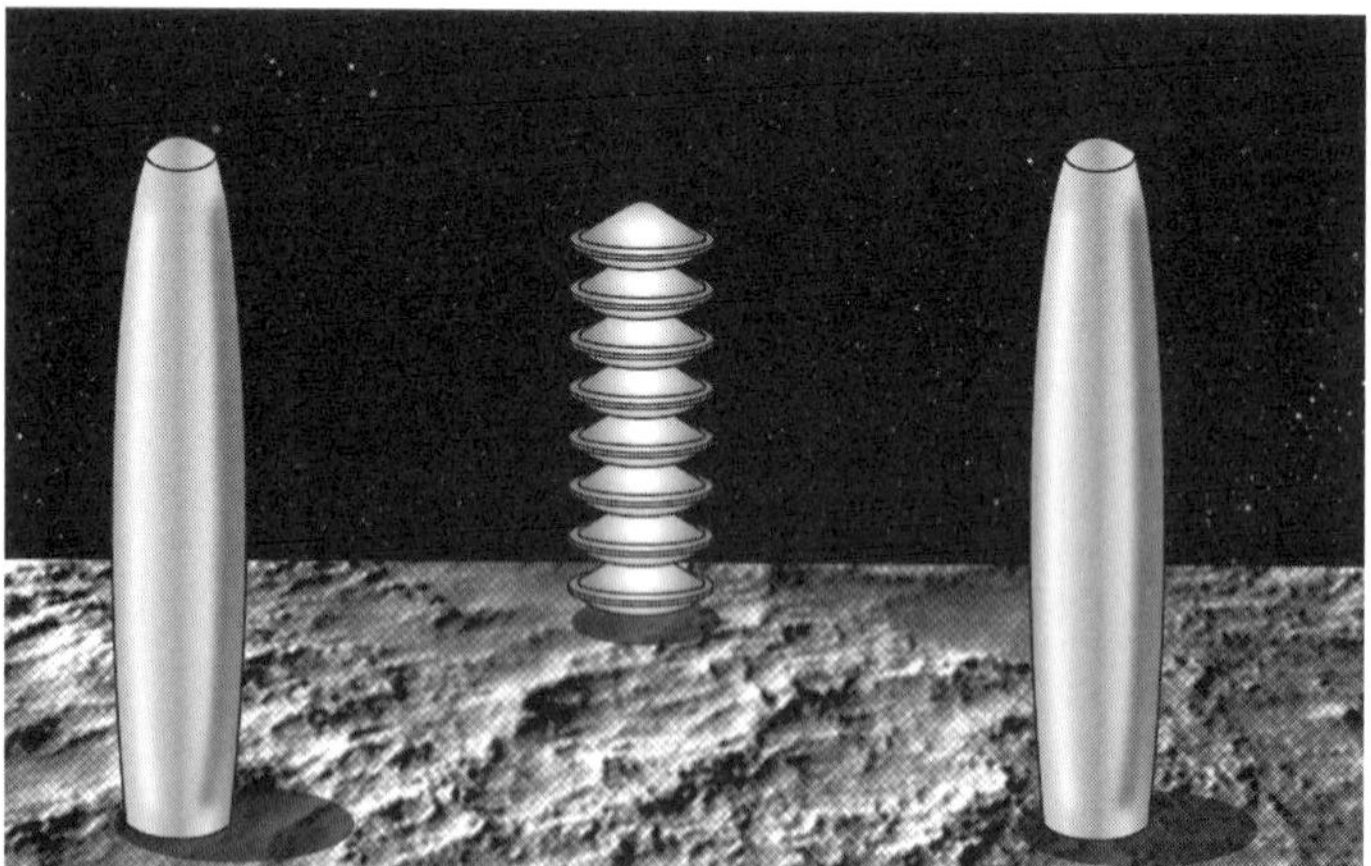

図 19　二つの柱と塔と三日月

波動は円環、すなわち繰り返されるので星形ではなく、大きな円で描かれることもあります。その大きな円の内側に小さな円を描きますが、それが因子で、中央の丸がルルーです（図18の左図）。

ゲートのシンボルは、まさに棒が二つ立っている構造です。最初は片方ずつ見せられます。だから最初は塔だと思ってしまいます。ところが後になってから二本セットになっている門柱であることがわかります。そしてそのゲートの向こう側に、五重塔とか多宝塔（上層を円形、下層を方形とした塔身の二重塔）が見えます（図19）。

図19にはありませんが、門柱の下には玉が描かれ、門の中央の下には三日月状の皿のようなものが描かれていることもあります。

宇宙創造の原動力は父性と母性のエネルギー

秋山　このゲートから面白いことがわかります。自分の中には、女性であろうと男性であろうと、父性と母性が必ずあるということです。自分のジェンダーの問題とは別なのです。父性と母性、陽と陰なのです。意味もなく動いてから考えようとする心と、受け入れて、よく咀嚼《そしゃく》して理解して行動しようとする心とが人間の中にはあるわけです。

これが自分の中にある父性と母性です。受け入れてから創造するのが母性、闇雲に突っ込んでから創造するのが父性です。この二つの原理が宇宙を創り出す宇宙の衝動なのです。この宇宙の母性原理と父性原理は、先ほど説明した三つの因子、三つの波動の奥にある原動力とも言える基本的なものです。

この二つは、宇宙の父性的エネルギーと、地球の下から湧き上がってくる母性的エネルギーでもあります。天上のエネルギーと大地のエネルギーです。右があったら、左があるのです。これをしっかり見ないと、家族の問題や自分の体の問題がわからなくなるのです。

ですから、家族の問題や自分の体の問題になればなるほど、絶対に右とか絶対に左というものは存在しなくなります。必ず両方あるからです。逆に言えば、身近な問題において「絶対に右だ」「この治療法が完璧だ」みたいなことを言っているとしたら、それは確実に間違いです。ものすごく危険なことです。身近な問題は特に右でも左でもなく、全体的に捉える必要があるわけです。

たとえば、家族がどうしたら仲良くなれるかを考えてみましょう。家族は基本的に男女の構成です。女性は人物情報を噛み砕くために心を働かせることが非常に多いのです。これに対して男性は、空間情報から噛み砕きます。人物ではなくて、会社のブランドや肩書とか、地域社会がどうしたとか、国際情勢がどうしたとか、日本がどうとかといった外側からの情報を噛み砕くためにやたら心を働かせているのです。

つまり、男性は人物情報から考えることが苦手です。これに対して女性は、空間情報に身を委ねられないという傾向があります。だからすれ違うのです。でも、このことを理解して、お互いがお互いのカウンセラーになったとしたら、男女関係は非常にスムーズになるのです。

「今ある問題」を後回しにしないのがスペース・ピープル

秋山　よく男性は「お前は何で俺の仕事を理解できないんだよ」と女性を責めます。ところが女性の方は、男性の仕事の内容よりも「その仕事って、上司とあなたのことなの」という人間関係の方に関心があるのです。だから「あなたはその仕事についてどう思うの」と聞き返すはずです。人が仕事についてどのように考えているかが大事だからです。

一方男性は、自分を含めて人が仕事についてどう考えているかは、あまり関心がありません。だから「誰とやっている仕事とか、好きか嫌いかといったそんな細かいことを問題にしているんじゃないんだよ」と不満をぶちまけます。中には「仕事から疲れて帰ってきて、この飯は何なんだ！」と当たり散らす人もいるでしょう。そして、この一言によって男性は、フライパンで脳天をたたかれるような事態に陥りかねません。

つまり、男性と女性の考え方のズレというか、思考の方向性のズレが大変なことに発展しかねないわけです。これは、家族を円滑に構成して維持していくうえで、非常に重要な概念です。

幸いスペース・ピープルは、非常に役に立つことから教えてくれます。今ある問題はすぐに解決することが重要だということを知っているからです。「未来的に解決できるのではないでしょうか」などと言って、問題を後回しにすることは絶対にありえません。ここが今の地球の精神世界と違うところです。

地球の精神世界では、すぐに解決しそうですぐに解決しないノウハウが蔓延《まんえん》しています。たとえば「神様は愛ですから、愛が必ず解決します。愛に立ち返ってください」みたいなことを平気で言う人がいます。あるいは「エゴをやめましょう」などと言う人もいます。でもそれを言っている人ほど、愛がなくて、エゴに満ちているのです。スペース・ピープルはそのようなことは言いません。

「世界情勢がこうなってすごいんだぜ」と思いたい男性の意識と、「さっき会ったスーパーの店員さん、顔色悪かったけど大丈夫かしら」と気遣う女性の意識は同等なのです。そもそも今日のニュースを見て国際問題がどうしたとか、イスラム国がどうなるとか、我々の生活には本当はまったく関係のない話です。我々が国際情勢を心配したところで、何の力も持っていない場合が多いのですから。それでもかかわろうとするのが男の性《さが》です。

一方、女性の関心たるや、朝一番で掛かってきた電話の「幸子からの声」が気になるわけです。下手《へた》したら一日中支配されて考えてしまうのが女性の性《さが》です。

対極に対する嫌悪と恐れが消えたときゲートは開く

秋山　ここで重要なのは、対極の超越は非常に大事だということです。対極のものに、あるいは異なるものに触れたときに、なぜ腹が立つのか、なぜ攻撃したくなるのか、ということをまず理解しなければならないのです。対極のモノを見たときに攻撃しないようにする感情状態を意識するというだけで、結果は違ってくるのです。

見た瞬間、聞いた瞬間に腹を立てることがあったとします。でも、見た瞬間に腹を立てないようにする感情を意識することが重要なのです。

人間の一番の問題点は、自分の身近で対極のようなことを言ってくる嫌な人に対する感情をどうするか、です。ではどうすればいいか。どんな環境においても、自分にとって嫌な人はいるものです。腹を立てたくなります。でも、その人も嫌いな人だと思うから嫌なのであって、たとえば意識を変えることで、重要な気づきをもたらす人であると考えれば、それほど嫌いにならなくなります。

だから大事なのは、対極のもの、つまり反対側を恐れないということです。実はそれがゲートの意味です。反対側を嫌わないと、一つだったゲートの柱が二本見えてきて、その間をくぐれるのです。反対側を恐れたり嫌ったりしているうちは、ゲートの柱の片方がわからないのです。すると、ゲートが見えません。

だからスペース・ピープルは、最初は柱の一本しか見せないのです。「嫌い」という感情は恐れから来ます。嫌いも恐れも消えたときにゲートが開きます。この世の中には絶対なる一本はありえないのです。

二本の柱のあるゲートはこの世の中側の問題です。逆にゲートの向こうにある絶対世界には、柱は一本しかありません。一本の塔になります。そこからより高い世界に向かう自由を得るための塔です。旅立つ塔なのです。それはゲートの向こうの山の高みの上に建っています。そうした構造は神社やお寺にも見られます。高野山にも同じ構造が見て取れます。二本の柱の向こうに山があって、その山の上に塔があるという構造です（写真10、11）。

写真 10　英国南西部にある3500年ほど前の巨石遺構ハーラーズ・ストーンサークルのそばに建てられた２本の石柱。立石の間に立つと丘が見える。その丘に近づくと石の塔がある。

写真 11　ハーラーズ・ストーンサークルの丘の上にある、チーズリングと呼ばれる石の塔。古代人は門柱とその向こうにある塔という宇宙の構造を知っていた可能性がある。

この場合の塔は絶対性を表します。プラトンの言うイデアや、スペースクリエーターのルーがそこにあるわけです。つまり、先ほどお話しした三つの因子と三つの波動で言えば、ゲートは因子と波動の対極性を表し、塔は絶対的な裁定と言えるルルーを表しているとも言えるのです。

想念の偏りは体の「濁り」と「穢れ」を生む

秋山　そして次に気がつくことは、ゲートと塔のイメージが我々の体の中にもあるのだということです。三つの因子、三つの波動、ルルーの性質も全部、我々の体の中にあるのです。つまり我々の体は、超越的な道具が全部そろっているテンプル（寺院）であることに気づくのです。体は言わば神殿であり聖地です――そう認識することから次に進みます。

ということは、何かほつれや滞りが体の中にあったとき、ルルーのようにそのほつれや滞りを解消する力が自分の中にあることにも当然、気づきます。なぜなら我々の体は元々、絶対性を持つ聖地だからです。

濁《にご》りや穢《けが》れも同様です。濁るということは、より偏って何かが溜《た》まることです。穢れというのは、気が枯れる、気がなくなることです。そういう場合は、「気持ちいいな」と良いイメージを持って体を自分の手でマッサージしたりすれば、穢れは落ちます。

その際、「俺の手はすごい」などと思い込むと濁りを生みます。思い込みは偏りを生むからです。だから考え方が常に偏らないようにバランスを取るよう心がければ、濁りは消えます。体全体のイメージバランスは非常に大事です。

＊　＊　＊

「我に我を与えよ」という宇宙哲学から始まった秋山氏に対するスペース・ピープルの教育は、テレパシー交信の窓となる「サムジーラ」の調整や、三つの因子と三つの波動、ルルーの性質の学習を経て、陰と陽、父性と母性を理解してゲートをくぐり、実際により高い〝塔〟へと向かうという段階まで至った。

面白いのは、ゲートと山の上の塔という構造や、三つの因子、三つの波動、ルルーの性質といった宇宙の構造自体を我々の体が持っているということである。我々自身が山の上の塔であり、宇宙全体を表すテンプルであるというわけだ。つまり、宇宙全体の仕組みが、既に我々の中に組み込まれていることになる。ということは、私たちが自分の体やその仕組みを本当に理解すれば、宇宙を理解することになり、私たちが自分の体をチューニングしたり活性化したりすれば、それは宇宙と調和したり活性化することにつながるはずである。

スペース・ピープルの哲学サイエンスは、宇宙の仕組みや法則、身体論にまで及んだ。ここで少し頭を休憩させて、次の章ではスペース・ピープルが教えてくれたという健康体操を紹介しようと思う。

体操といっても侮《あなど》るなかれ。というのも、スペース・ピープルの運動健康法こそ、「宇宙のテンプル」をチューニングしたりメンテナンスしたりする非常に有効な方法であるからだ。

第6章

スペース・ピープルが実践している健康体操

〝神殿〟を正すにはまずバランスを取ること

布施　体がテンプルであり神殿であるとのことですが、何かスペース・ピープルに教わったメンテナンス方法はありますか。

秋山　あります。筋肉を全部総合的に動かす運動をすることです。とにかく〝神殿〟をメンテナンスするには、バランスを取ることが一番です。

　まずは簡単な例から紹介しましょう。肩が凝《こ》って体調が悪い、でも病院に行っても原因がわからないという人がよく私のところに相談に来ます。それを見ると、だいたい肥満気味で顔色が悪く、運動をしていない人が多いです。そのようなケースではまず、普段使っていない筋肉を使わせます。あるいは三〇分に一回は立ったり座ったりしよう、とアドバイスします。

　腕立て伏せをやらせたりもします。すると、腕立て伏せができなかったりします。使ってないから筋肉がなくなってしまっているのですね。ここが問題なのです。たとえばバーベルを両手に持って、手の甲を上にして肩の位置まで持ち上げる運動を十回やらせただけでも、肩凝りは解消するからです。

要は、偏らないように筋肉を使ってあげればいいのです。目の霞《かすみ》もこれでかなり取れます。胸筋を開くようにして、バーベルを胸の位置よりも後方で持ち上げるのもかなり効果があります。首の後ろの筋肉を使っていないと肩凝りになるわけです。だから普段使っていない筋肉を使えばいいのです。バランスよく筋肉を使っていれば、滞《とどこお》りとか濁《にご》りはなくなります。

一方、お腹が太りやすいかどうかは体質もかかわっています。今は腹に余分な肉が付いていない人が愛《め》でられる時代です。なぜなら西洋体形が重んじられているからです。しかし本当は、着物などの和服を見てもわかりますが、小腹が出ている人が東洋では男女ともに愛でられていたのです。小腹が出ているのが、いい女いい男の体形の象徴だった時代がありました。

まあ、それは置いておいて、お腹が気になるのであれば、腹筋の運動をするべきです。その際、ゴム毬《まり》を背中と床との間に挟《はさ》んで腹筋をすれば、腰が痛みません。また腹筋運動には、完全に上体を起こす腰《こし》腹筋と胸だけを起き上がらせる横隔膜腹筋の二つのやり方がありますが、これをバランスよくやる必要もあります。腹筋というと腰腹筋の辛さを思い浮かべるから皆やらないのです。腰腹筋はできる回数だけでいいのです。自分のイメージ以上の回数をやったら、本当に腰を痛めます。

こうした運動はテンションが上がる映像を見ながら、あるいは軽快な音楽を聞きながらやるのが、一番効果があります。体の運動ほどいい感情でやることです。低いテンションで嫌々やっていたのでは逆効果になります。体が心地よくなるのは、いい感情で体を動かしたときだということが、やっているうちにわかるはずです。

だからアメリカ生まれのフィットネスは理に適《かな》っているのです。いい音楽を聞いていい映像を見ながら皆で楽しく運動するからです。これに対して日本は、ついこの前までうさぎ跳びなどをやって苦しそうに運動するケースが多く見受けられました。わざと体に悪いことを嫌な感情でやっていたのでは、まったく効果がありません。

基本的にはテレビほど筋肉トレーニングの道具になるものはないと思っています。面白い番組やテンションの上がる番組を見ながら、いい感情で運動することができるからです。

逆に言うと、面白い番組を見ているのに体を動かさないのはもったいないです。面白い番組を見ているときほど、体の苦痛は気にならないものだからです。ならばそれを利用して、普段使っていない筋肉を知らず知らずのうちに鍛えることも可能になります。

スペース・ピープルが教える運動健康法・マオラ

秋山　実はそうした筋肉を全部総合的に動かす運動が、ダンスです。気功、太極拳、カポエラ（格闘技と音楽、ダンスの要素が合わさったブラジルの伝統芸）もそうです。基本的な動きは共通しています。ねじって伸ばす、ねじって上に上げる、体の前で気を抱きしめる、腰を落として抱きしめる、手を下ろして胸を開く、股を開いて構える、全体をねじって上に伸ばすなどの運動です。スペース・ピープルはその運動の体系を「マオラ」と呼んでいます。

スペース・ピープルは、マオラは楽しいことをやりながら、簡単で無理のないねじり伸ばしをして、その際には自分の体がテンプルであることを再認識しながらやりなさいと言います。この三つの要素がある運動の体系がマオラです。

繰り返しますが、重要なことは、肉体はテンプルであるということです。本当の意識はスペースクリエーターで、スペースクリエーターが着陸する場所がテンプルだと思ってください。そう思うことで、スペースクリエーターとイメージでつながることができます。神聖感が深まり、自分のイメージが縦の感じになり、永遠感が出てきます。そうなると、一つ一つの個性がすべてを超越していくようになります。これがスペース・ピープルのやっている体操です。

彼らを見ていると、ずっと伸ばしたり縮めたりを繰り返している人もいました。おそらくその運動が自分にとって必要だとわかっているから繰り返しているのだと思います。当然、彼らは天と地がつながっているとイメージしながらやっています。

天から滝のようにエネルギーが降りてくることをイメージします。気を抱きしめるように、大きな円柱を足と手で抱きしめているポーズをします。そして最後に中心線を意識しながら、体を外側に開くような体操をします。その際、別に深呼吸はしなくてもいいようです。あくまでも外側に開く運動が大切なようです。

このマオラの運動を翻訳して簡略化したのが、「天・地・人と一体となるポーズ」です。マオラにはいろいろな動きがありますから、その一部が天地人《てんちじん》のポーズであるとも言えます(図20)。

このほかに「三方向振動」のような体操もあります。体全体を上下振動で小刻みに動かしながら、上半身を振り子のように左右に振る体操です。つまり上下振動を続けながら上半身を左に傾け、次に右に傾けていきます。これを繰り返します。すると、ある傾きになると、気持ちのいい角度があることに気づきます。そのときはその傾きで止まって、しばらく上下振動を続けるといいです。やがて、また左右に動かしたくなります(図21)。

このように上下振動と左右の振り子運動を続けることによって、自分の体の中のエネルギーの通り道がわかってきます。大きなエネルギーの通り道としては、体の左右の肩の端から両側面に沿って足下にかけて通る二本の道と、体の正中線《せいちゅうせん》(体の中央を頭から縦にまっす

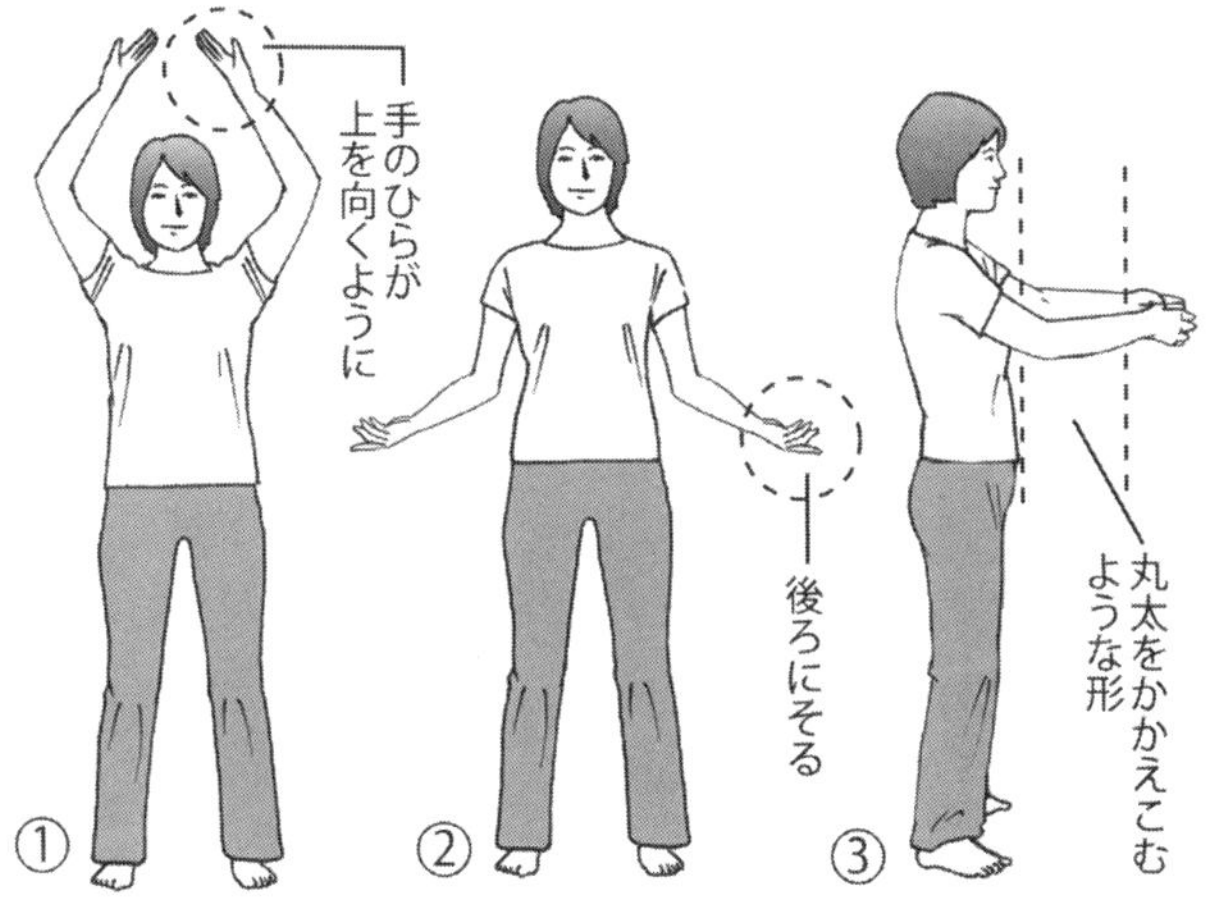

図20 「天・地・人と一体となるポーズ」

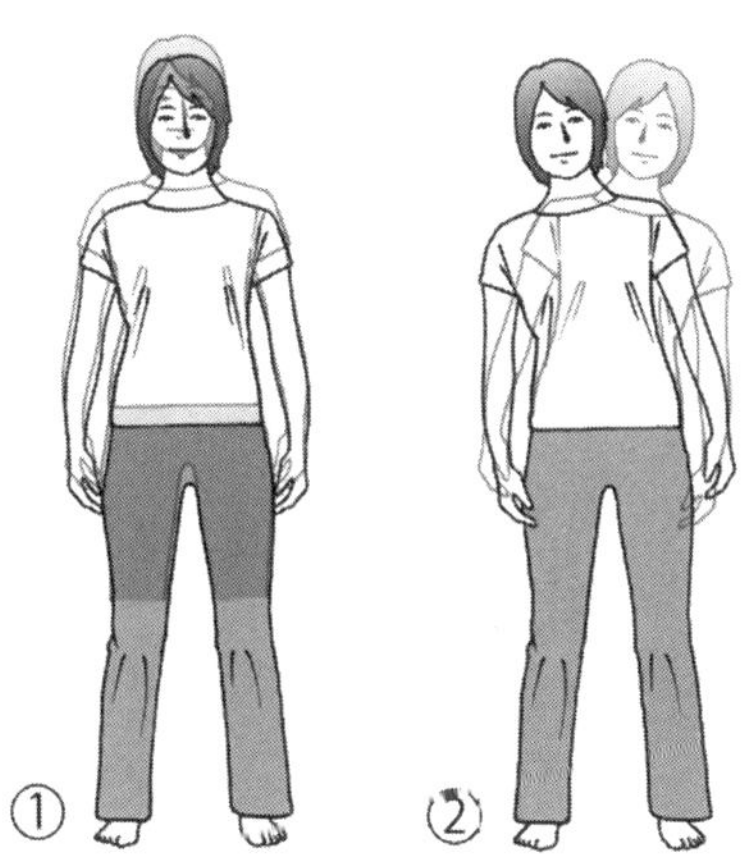

図21 「三方向振動」の体操。これらの運動の体系を宇宙人の体操マオラという。

ぐ通る線）を通る道の計三つの通り道があって、エネルギーがその三つの通り道を螺旋状に流れながら行ったり来たりしています。それが意識できるようになります。

そもそもユダヤ教のカバラ（神秘思想）に出てくるセフィロト（生命の樹）のイメージは、体の中のエネルギーの流れのイメージと同じです。特に体の側面の流れを活性化するために左右に動かしながら上下振動させるわけです。ザ・ドリフターズの志村けんの「ひげダンス」みたいで、結構楽しいですよ。座ったままでも簡単にできます。

スペース・ピープルの体操マオラには、こうした動きだけで十種類以上あります。肩甲骨《けんこうこつ》を前に回転させたり、走っているイメージをしながら上半身だけ動かしたりする運動もあります。いずれも自分の体をテンプル化するイメージを持ちながらやるのがコツです。

第7章

待ったなし！
Lシフトが始まった

アセンション騒動の本当の顛末

スペース・ピープルの体操マオラで心身ともにリフレッシュしたところで、秋山眞人氏との宇宙対談を続けよう。これまでの秋山氏との対談で、ミクロとマクロが連動したような宇宙があり、心と物質が一体化した科学があることが明らかになってきた。

しかしながら、宇宙をそのまま内包した我々の体も、ときどきチューニングやメンテナンスをしないと、偏り、滞ってくるわけだ。それは地球レベルでも起こる。その滞り具合や偏り具合、あるいは絡み合い具合がどうしようもなくなったときに、宇宙の究極の反応体であるスペースクリエーターはルルーを発動するという。このルルーについて、秋山氏に詳しく聞いてみよう。

布施　先ほど「スペース・ピープルにお願いしてルルーを引っ張り出す」という表現がありましたが、ルルーは、スペース・ピープルが発動させることができるものなのですか。

秋山　実際に発動させるのはスペースクリエーターですが、スペース・ピープルもある程度は呼び込むことができるのだと思います。

でもルルーを発動するということは、我々がまた無責任なままで終わるということです。大変化を定期的に起こさなければならない理由は、このままでは歯止めがかからず、正しくないことをやり続けてしまうからです。悪いとわかっているけど悪いことをやり続ける人の人数が減らなくて、変わる兆しがないからです。

スペース・ピープルがよく言うのですが、正しい想念のエネルギーを人類のほんの一〇パーセントの人が持ったら〝マイ・アセンション〟（編集部注・アセンションはいわゆる〝次元上昇〟のこと）ができてしまうほど強いのです。今はこの一〇パーセントが育たないのが実情です。

布施　たったそれだけで、マイ・アセンションができるのですか。

秋山　そうです。良い想念のエネルギーを持つ人が地球人全体の一〇パーセントいれば、全地球をその場で変えられます。逆に言うと、悪い想念のエネルギーを持つ人が一〇パーセントいても、地球を変えることはできないのです。悪は実に非効率的なものなのです。

たとえば、前回のアセンション騒ぎ（編集部注・二〇一一～一二年に、主に海外のニューエイジ運動を中心にして、この世がこの世の形のまま〝次元上昇〟するとして、多くの人たちが世界各地の聖地やパワースポットに押しかけた騒動）では、「みんなでアセンションしましょう」と言っておきながら、アセンションを自分たちの好き勝手に解釈しただけでした。変化が来るのだから何もしないで待っていようとか、変化が来るからパワースポットや聖地で過ごそうとか、変化が来るから自分だけ生き残ろうとか、変化が来るからスペース・ピープルに助けてもらおうとか、そのような人が多かったです。

多分本当に良い想念を持った人は、仮にアセンションがあることを理解しても、アセンションの瞬間まで淡々と自分のすべきことをする、腹の据わった人々です。

布施　アセンション騒ぎについてはよく覚えています。そもそもアセンションは、イエス・キリストの昇天・上昇を表す、古くからあるキリスト教系の宗教用語です。スピリチュアルの世界では近年、物質的な現象が変わらないまま精神次元が上昇する意味であると解釈され、〝高次元の霊的存在〟と交信しているという欧米のチャネラー（異次元の意識を人に伝える媒介者）らを中心にして、二〇一二年の年末までにその「次元上昇」が起こると話題になりました。

特にマヤ暦と絡めて一種の終末論的な解釈をした人たちが、主に欧米大陸の〝聖地〟や〝パワースポット〟に大挙して押しかけたり、移住したりする騒動がありましたね。でも結局、見た目には何事も起こらなかったので、アセンションはなかったのだという見方が一般的でした。

秋山　そうです。皆、何の意味だかわからずに、ただ騒いでしまったという面が強かったです。しかも、何かが起こるのを待つだけという受け身の人たちばかりでした。本当のアセンションは、自分たちが変わらなければできないのです。

地球は「Lシフト」により「第三宇宙」へ移行する！

秋山 アセンション問題に関連して先日、スペース・ピープルから久しぶりにメッセージが届きました。これから本当のアセンションが起こる、その「真正アセンション」では地球は第三宇宙に移行する――というのです。

布施 アセンションは、あの騒ぎとともに雲散霧消したわけではなかったのですか。

秋山 スペース・ピープルは騒ぎを起こすために、そのような大事なことを告げたりはしません。スペース・ピープルによると、人類は次に第三宇宙に移行しますが、その宇宙に移行できない人がいるらしいのです。第二宇宙を生きている人と第三宇宙に移行した人が、お互いにどちらの宇宙を生きているかわからない状態で、しばらくこの世界で共存することになるとスペース・ピープルは言っています。

しかしその内容を説明する前に、まず、言葉から定義させてください。今回、真のアセンションという意味で、一応「真正アセンション」という言葉を使わせてもらいましたが、**本**

来は「総変化」のことです。感覚的には九〇度の変化をすることから**「L転換」「Lシフト」**とも呼びます。時空のLシフトが起こることとは、人類の歴史の節目々々に常にあります。で、この総変化が今回起こりつつあるわけです。そのLシフトがあることをスペース・ピープルが教えてくれているのです。

布施　「感覚的に九〇度変化する」とはいったいどのような変化なのですか。

秋山　Lシフトでは、横軸が縦軸に変わるように変化をします。価値観が急激に変わるのです。だけど、変化した側は何が変化したのか、ほとんどわかりません。状況はあまり変わりません。しかし、意識は非常に大きく変わることを迫られます。

一八〇度変わると別のモノになるかもしれませんが、九〇度変わるということは、今までのモノを引きずりながらも、かなり激しく変わるということです。それをLシフトと考えてもらえばいいと思います。

布施　物質的な変化というよりも、人々の意識が変化するということですか。

秋山　意識と物質は連動しますから、当然物質的な変化もあります。まず人々の潜在意識あるいは人類の集合無意識が現象を引き起こし、その現象によって意識の変化がもたらされるのです。それが加速度的に、しかも激しく起こるのがLシフトです。

＊
＊
＊

秋山氏が言う「潜在意識や人類の集合無意識が現象を引き起こす」とはどういうことか、少し説明しておこう。シンクロニシティの箇所で説明したが、この宇宙では因果律のほかに意識が事象を引き寄せるような現象が起こる。この現象は個々人の潜在意識だけでなく、人々の集合無意識の状態によっても発生する。多くの人々の潜在意識にある心の状態と同質の事象が外界で現れるのだ。たとえば、人々の潜在意識に漠然とした不安が生じたとしよう。するとその「漠然とした不安」を象徴するような事象が周囲で発生するのである。

先を続けよう。

秋山　Lシフトでは、すべてが激しく起こるので、みな激しく気づかされます。既にそうした現象は起き始めています。今回の北朝鮮ミサイル騒動もその一環です。ミサイルが飛んでくるとわかったときに、初めて我々の生き方が問われるわけです。二〇一一年に発生した福島原発事故も同様です。Lシフトは始まっているのです。

我々は既に「核を弄《もてあそ》ぶ世界」の現実に気づかされているということです。北朝鮮だけが責められているのではなく、どの国も責められているのです。そうした現象がこれからたくさん起こります。

布施　意識の変革を促すような現象が次から次へと発生するわけですね。

秋山　そうです。それによって、これまで通用していた過去の価値観が崩壊します。価値観が激しく変わるのです。すると、これまでの価値観にしがみついていた人たちは当然、ドンドン苦しくなるわけです。

それはスペース・ピープルが公式見解として発表した

布施　確認ですが、今回のスペース・ピープルからの「真正アセンション」の情報は、どのようにもたらされたのですか。

秋山　スペース・ピープルとの交信には直接コンタクトとかいろいろな方法がありますが、今は公式なスペース・ピープルの見解はだいたい広域テレパシーで行われます。それを受信能力のある人がキャッチするのです。今回の情報もその広域テレパシーで知りました。

今は昔と違って、エル、ペル、ゲルという三種類の宇宙人の連合見解が公式見解となります。昔はペルの何とか系とか、ゲルの何とか系とか、あるいはエルが送ってくるテレパシーは、同じ内容を送ってくるにしても、それぞれニュアンスが違いました。そういう不調和が今はなくなっています。

Ｌシフトは既に始まり、二〇二〇年くらいまで続くと思います。

＊　＊　＊

どうやら、宇宙連合とも呼ぶべき宇宙人グループから公式見解として地球にＬシフトが起きつつあることが告げられたようだ。宇宙人や地球人の間の噂でもなければ、単なる根拠のない思い込みでもないらしい。秋山氏によると、ある程度の未来が予知できる宇宙人たちが、今地球で起きつつあること、そしてこれから地球に起こることを知らせようとしているのだという。

秋山氏によると、一九四〇年代から活発化したＵＦＯの出現と宇宙人とのコンタクトは、初期のころは、タイプの異なる宇宙人の間ではほとんど調整がなされず、過度な干渉をしないという暗黙の了解のうちに個別に行われていたのだという。

しかし、そのようなバラバラのアプローチを続けていては、地球でも混乱が生じてしまう。そこで今から十年ほど前の二〇〇八年六月に、特に異なるライフスタイルを持つペルとゲルの間で、エルの仲介もあり、一種の和解にも似た再調整がなされたのである（２６６ページ参照)。それ以降、地球人に広域テレパシー交信をする場合は、三種類の宇宙人の間で調整して、公式見解を流すようになったのだという。

このように、宇宙人が実際に地球に来ており、テレパシー交信などを通じて地球人に様々な示唆を与えているということを前提にして、引き続き秋山氏の話に耳を傾けてみよう。

心の一〇パーセントを良い想念に変えればいい

布施 広域テレパシーで送られたということは、秋山さん以外にも大勢の人がそのメッセージを受け取っているということですね。

秋山 受け取っていますが、具体的にLシフトのプロセスと方法論を、言葉にしてある程度周りの人と共有できるレベルにあるかどうかは別問題です。ほとんどの能力者は「何か起こっているな。騒がしいぞ」と感じるはずです。それは集合無意識が未来に起こることを察知して波立っているからです。「何かが起こる」と感じます。

実はこうしたLシフトの予行演習は、前回のアセンション騒ぎを含め、今までにもたくさんありました。ある意味軽はずみな能力者によって、終末予言などの形でいろいろな時代にもたらされました。彼らは別にいい加減な人々ではなく、節目々々に終末予言をすることによって人類にＬシフト的なモノを突きつけるわけです。予行演習的に大変化というものを突きつけて、人類の胆《きも》の据わり方を見てチェックしているのです。

しかしながら、今回のＬシフトは待ったなしです。予行演習ではありません。だから宇宙人の公式見解として、我々に伝えられたわけです。

本当にＬシフトを超えて生き残る人であれば、Ｌシフトの日付がわかっていても、淡々と生活できるはずです。それはあたかも自分の死期を知っている聖人や僧侶たちが、淡々とその最期の日まで自分のやるべきことを全《まっと》うする姿勢と同じです。

布施　私の理解が正しければ、Ｌシフトにも二種類あることになりそうですね。ルルーが発動されて半ば強制的にＬシフトがある場合と、ルルーの発動なしに、自分たちの想念を変えることによってＬシフトを成し遂げる場合です。

秋山　実はそうなのです。ルルーが発動される前に、皆がマイ・アセンションをすればルルーの発動など必要なくなるのです。

でも別に全員がマイ・アセンションをする必要はありません。一〇パーセントの人、または少しずつみんながそれを分担することでも、Ｌシフトは成し遂げられるのです。

それは自分の心の一〇パーセントと同じことです。もし自分の心の中の一〇パーセントが良い想念であるとしたら、一〇パーセント分のエスパー（超能力者）が生まれるのです。その一〇パーセントのエスパーがあなたを変えます。

ですから、自分の一日の十分の一でいいから、Lシフトを乗り越えられるような心の安定感を持つということが大事なのです。そのためには、いい感情を安定して使って、悪い感情を切り替えるという作業を常に意識して実践しなければなりません。それだけでだいぶ違ってきます。

ただ、いい感情を使って悪い感情を切り替えましょうと言っても、「そうですよね。ワクワクすることだけをやっていればいいんじゃないですか」と言う人も出てきます。でもそのワクワクが本当に良い感情から出てきているのかを精査する必要があります。自分本位ではないかとか、偏りがないか、常に自問自答していかなければなりません。

本当に安定したワクワク感を醸《かも》し出すものというのは、入り口のところは結構きついものが多いです。座っている方が楽だと言って運動しなかったら、太るに決まっています。寿命も短くなります。

我々は、野放図《のほうず》に自分の性《さが》のまま生きたら、自分の寿命すら全うできません。全うできなかった短命の寿命を自分の寿命として受け入れるしかなくなります。

第一宇宙は「今の科学の前」、第二宇宙は「今の科学」、第三宇宙は「今の科学の後」

ここまでの話で、Ｌシフトが人々の意識の変革を促す現象を引き起こすものだということがわかってきた。ではその意識を、具体的にどのように変えればいいのだろうか。そもそも第二宇宙と第三宇宙はどのように違うのか。秋山氏に聞いた。

布施　現在我々は第二宇宙にいるとのことですが、第二宇宙とは何ですか。第一宇宙とどのように違うのですか。

秋山　今の人間の科学に則《のっと》った宇宙を第二宇宙と呼びます。第一宇宙は今の科学ができる以前に人間が認識した宇宙です。自然との対話の中で文明をいかに築くかという時代の宇宙で、おそらくルネサンスのころ第一宇宙から第二宇宙に移行するＬシフトがあったわけです。

＊＊＊

秋山氏は第一宇宙、第二宇宙、第三宇宙を「今の科学の前」「今の科学」「今の科学の後」

と分けるのが適当であると言う。しかしこれだけではよくわからないので、「今の科学」をキーワードにして、私なりに解説しよう。

「今の科学の前」の宇宙は、おそらく自然をそのまま利用することにより文明を築いていった宇宙であろう。たとえば弓矢を例に挙げればわかる。自然の素材がそのまま利用され、最初は植物の枝と蔓《つる》によって弓矢が作られた。石斧《いしおの》なども同様だ。日本で言えば縄文時代を思い描くといいであろう。さらに素材を加工したり熱を加えたりして、物体の形状や大きさを変えることによって鉄の矢などの金属製品を作った。これらはすべて物理的変化を利用した文明であるとも言える。

これに対して第二宇宙は、今の科学、とりわけ物質を構成する原子の結合の組み替えを伴う化学的変化を利用して文明を築いた宇宙である。この移行が急速に起こったのが、ルネサンスだ。より深く自然を観察することにより、通常では見えない物質内部の世界で、特定の刺激を与えると物質の本質を劇的に変えるような現象（化学反応）が起きることに気づき始めた。錬金術が流行ったのもこのころであった。この現象を突き詰めていった先に出現したのが核融合であったわけだ。

では「今の科学の後」に来る第三宇宙は何か。おそらく、それまでとはまったく違って、物質よりも想念が重要視される文明が築かれるはずだ。想念で素材に変化を与えてモノを作り出す文明である。

それまでの二つの宇宙では、基本的に物理的変化と化学的変化によって文明がもたらされてきた。どちらも物質に偏った文明である。しかしながら**これからは、想念やイメージによって宇宙が創造されていく。**たとえば「弓矢」と念じれば、そこに弓矢が出現するような宇宙であろうか。まさに唯心的世界に近づいた宇宙である。

だが、心がすべてを創り出すような世界が本当にあるのだろうか。

「完全な唯心的な世界ではありませんが、スペース・ピープルの科学を見ると、想念が物質を動かしたり、変化させたりする文明を既に築いています。繰り返しになりますが、それが物心一体のスペース・ピープルの科学なのです」と秋山氏は言う。

確かに、スペース・ピープルとの交流によって秋山氏は、想念で動かすUFOや、想念を利用して製造するUFOの現場を直接見て、実際にUFOの操縦や製造を体験している。テレパシー交信やテレポーテーション、次元調整などもその好例だ。そうしたスペース ピープルの文明に接した秋山氏だからこそ見えてくる第三宇宙の姿が、物心一体の科学文明なのだ。

第三宇宙への移行時に生じる「格差」

秋山氏は次のようにも言う。

秋山　現在は、今の第二宇宙から第三宇宙にLシフトしなければならないのですが、そこは結構シビアで、皆が言っている「アセンション」とはまったく別のことがきっかけとなって、Lシフトが始まって、二〇一八年まで来ています。で、今何が起きているかというと、わかっている人とわからない人の影響の範囲内でズレが出てきています。わかっている人の影響がドンドン強くなってきています。

でも、わからない人はどう逆立ちしてもわからない。どう転んでも理解ができません。ドンドン置いてきぼりにされます。

このまま行くと、すごく進化した**第三宇宙に意識的にアセンションしている人が、そういうわからない人たちをヒーリングするしかなくなります**。ヒーリングして引っ張るしかありません。自分から出ているルンク、エルテ、バダ、ワ、ウォウ、ムーによって、その人たちをクリーニングするしかありません。それが精いっぱいです。

その結果、確かにわかっている人は選民っぽくなってきています。先述したように第一宇宙から第二宇宙へ移行したのは、科学が自然に興味を持って、自然現象を科学的に考えようとした十四世紀のルネサンスから、十八、十九世紀の産業革命を経て、二十世紀の原子力時代にかけての期間だったのではないかと思います。だから移行期間にはかなり幅があり、ゆっくりと進みました。

ところが、今回のアセンションはものすごく移行期間が速まって、あっという間に終わる感じがします。二〇二〇年ごろまでには終わってしまう感じがします。

そうなると、クリエーション（創造）資本というか、本当の宇宙に関する情報資本を持っている人たちと、そうではない人たちの〝格差〟はドンドン広がっていくし、〝奴隷化〟が進みます。奴隷とは自ら考えようとしない人たちです。奴隷化が進むと、その人たちは考えないで反応するようになります。逆にわかっている人は常に考え抜きます。この二極化は既に始まっています。

そうした中で、科学技術絶対主義者たちがバイオロボットなどを造り出すかもしれないし、反対に物理学者の間でスペース・ピープルとのコンタクティーが増加するかもしれません。彼らがお互いにしのぎを削る中で、物質と精神世界が融合したような科学である「物心一体科学」が芽生える可能性もあります。

いずれにしても、このLシフトによって世の中は大きく変わっていくでしょう。その変化は、創造する者と創造しない者の格差として如実に現れます。

宇宙人と地球人の間にある〝格差〟の真相

第三宇宙へ移行する過程で人々の間に格差が生じるという秋山氏の主張に反発する読者もいると思うが、想念や心が現象を引き起こすことは、先述したシンクロニシティを観察してもありうることではないかと思えてくる。既にミクロの素粒子の世界では、意識が物質の状態を決定するような現象があることが判明しつつある。それを突き詰めていけば、想念を駆使してUFOを操縦したり、UFOを製造したりするスペース・ピープルの科学技術を理解できるようになるのかもしれないではないか。

しかしながら、ユリ・ゲラーがスプーン曲げを大流行させたときにも、想念が金属に影響を与えるということを多くの科学者は認めようとしなかった。大衆もそうした科学者やメディアの論調を鵜呑みにして、スプーン曲げを手品やイカサマの類として一笑に付したのは、記憶に新しいところだ。UFO否定論者も、同様な錯誤を旧態依然として繰り返している。

想念を利用して宇宙を旅する——それを成し遂げている文明が既にこの宇宙に存在しているのだとしたら、それを見習わない手はないはずだ。逆に言うと、想念が物質に影響を与えることを是認しないかぎり、唯物主義的論調に染まった「今の科学」には未来がないのである。あとは、その意識転換ができるかどうかである。それが格差と言えば格差であろう。その格差ゆえに、地球人の科学と宇宙人の科学には、決定的な差があるのだ。

宇宙を創造するのは自分自身

それでは、想念がより重要性を増す第三宇宙へ移行するには、人類は具体的にどのように学習していけばいいのだろうか。まずはその心構えについて秋山氏に聞いてみた。

秋山　初めに断っておくことがあります。スペース・ピープルの説明によると、宇宙が変化するから人類がどうこうなると考えているかぎり、そもそも巷で言う「アセンション」、つまりLシフトは起こらないのだそうです。そのような受動的なものではないのです。

本当のアセンションである「Lシフト」の仕組みは、人類が信じている宇宙が創造されるということだというのです。つまり、人類がどう信じるかにより宇宙は決まるというわけです。それを猛烈に促すような現象が起こります。

たとえば、核兵器廃絶を目指す被爆国日本の運動もあって、核兵器禁止条約（兵器の使用や保有などを法的に禁止する国際条約。二〇一七年七月七日賛成多数により採択された）ができたわけです。ところがせっかくできたのに、肝心の日本政府とアメリカ政府は政治的な屁理屈を述べて入っていません。そのような有様では、この国が核を諦《あきら》めるのは無理です。スペース・ピープルはとにかく、第二宇宙に残る人と第三宇宙に移る人の違いがどこで生じるかというと、自分から宇宙を創るぞと思った人たちと、宇宙は与えられたものだと受動的に考える人たちの差だと言うのです。

ですから、受動的に「この環境だから今の自分はこうなのだ」「だから環境を批判していけば自分は変われるのだ」と考える人は第二宇宙から出られない人たちです。反対に第三宇宙に移行する魂たちは、能動的に「私から世界が始まる」「私が宇宙を創るわ」と信じて行動する人たちです。

インターネットの使い方でも分かれます。ネットに出回る陰謀論に染まり世界を呪ったり、便所の落書きのように人の悪口を書き込んだり、自分の境遇を周りのせいにしたりする人たちは、当然前者なわけです。逆に自分の理想とする宇宙を創造して発信するのにインターネットを使う人たちは後者です。そういう意味でネットが第三宇宙の入り口にはなりません。そういう役割を果たすはずです。

布施 否定的な感情や受動的な姿勢では第三宇宙に移行できないのですか。

秋山 そうです。なぜなら、その人の潜在意識が、その心の状態と同じような現象を呼び込むからです。一種の同質結集の法則です。

簡単に言ってしまうと、自ら宇宙を創ろうとせずに「ただ待っていればいい」と心の中で思っていれば、「ひたすら待ち続ける」という状態が引き寄せられる現象が発生します。あるいは他人のせいにして批判や攻撃ばかりをしていれば、非難や攻撃をしたくなるような現象ばかりが引き寄せられるように発生します。

自分で積極的に行動せずにひたすら他力本願だったり、自分の周りの環境を他人のせいにしたりしていては、いつまでも同じことが繰り返し起こります。その悪循環を断ち切るには、自らの責任で宇宙を創造する、創造者は自分であるのだという自覚を持たなければいけないのです。

コツは楽しさを抱き続けられるかどうか

布施　では、その「宇宙を創造する」とは、具体的にはどういうことなのでしょうか。

秋山　端的に言うと、すべてのことに対して、いい感情で取り組み、楽しみながら何か美しいものを創造していくということです。たとえば楽しさは楽しさを引き寄せます。よい感情はよい感情のモノを引き寄せるのです。それは決して、破壊や攻撃ではないわけです。破壊や攻撃は、妬《ねた》み、怨《うら》み、嫉《そね》み、憎悪《ぞうお》といった悪い感情から生じます。ですから、そうしたネガティブな感情を引き起こすような現象が悪循環的に誘発されるのです。

中には「俺は楽しく破壊するんだ」という人も出てくるかもしれません。しかしそのような人でも、最初は楽しく破壊や攻撃をしたとしても、やがて後ろめたさやむなしさを感じるようになり、最終的には自滅するのがオチです。悪い想念では楽しさを持続させることはできないからです。

また、「楽しければいい」とか「ワクワクするからいい」というものでもないのです。その楽しさやワクワク感が良い想念や良い感情から来ているものかどうか、常にチェックすべきなのです。

そもそも創造する意欲というのは、テンションを上げなければいけませんから、良い感情にならなければ創造できません。当然、良いモノを見ようとしなければ、良いモノは創れません。

これに対して悪いものや間違っているモノは破壊や憎悪の概念で満ちているため、心の中に「後ろめたさ」が生じ、創造のテンションを下げます。ですからその概念に気がついたら、そこに立ち入らなければいいのです。

たとえば、インターネットで誰かが悪い概念を見つけたとします。すると、多くの人は「それ何なの？　見たい」と言ってひきつけられてしまうのです。「こんなひどい殺人事件があったんだって。ワイドショーで取り上げるから見たい」と言うのと同じです。それがおかしいのです。

悪いものをわかったうえで見ない、かかわらないという姿勢が大事なのです。この行動を常に心がけることです。

ごねて困らせたい人にもかかわる必要はありません。ごねて困らせる人に皆でかかわるから、その人はわからなくなるのです。ごねて困らせれば、皆注目してくれると思うから、わからなくなってしまうのです。その責任はかかわる人にあります。皆がかかわらなければ、「本当に心地いいことをしないと振り向いてくれないのだ」「そういう生き方こそ重要なのだ」ということに気がつくはずです。

　悪いもの、間違ったものにかかわる癖のある人は、ずっと批判しています。しかも、自分の主張が絶対に善だと盲信しています。ところが、そうした人たちは、批判や否定や悪口に労力を使ってしまうので、本当にいいことに飛び込めないのです。楽しく創造するという本当にいいことのために使うエネルギーダッシュができません。

　しかも、そのテンションが上がらない理由は、きっと「世の中とか他人にあるのだ」と思い込んでいます。そういう傾向は、私を含めて皆持っています。

　しかしながら、自分が自分で面白くないと思う責任は全部自分にあります。だから我々はその自分と戦わなければいけないわけで、自分自身に騙されてはいけないのです。自分が自分自身に謀《たばか》られないように学習しなければいけません。

　たとえばアメリカの陰謀関係のキャッチフレーズは、「あなたが何かを信じているとすれば、それは誰かに信じ込まされたから」というものです。カッコいいキャッチフレーズですが、少なくとも、誰かに信じ込まされていないか常に自問して精査する必要があります。

　私がこのように考えるようになったのも、スペース・ピープルのお蔭《かげ》です。だからこそスペース・ピープルがどういう価値観や教育観を持って、どういうテクノロジーを中心にして、何を生きがいにして生きているか、ということを皆さんに是非知ってもらいたいと思っています。そうすれば、皆さんも宇宙人的な考え方ができるようになるからです。宇宙人を真似るのではなく、そこからヒントを得ればいいのです。それができれば、皆さんの心もだいぶ解放されるはずです。

善と悪を分ける落とし穴に気づけ

秋山氏が語る想念論が次第に明らかになってきた。簡単に言えば、**良い想念とは、皆を楽しくさせるような宇宙を創造すること**である。反対に悪い想念とは、皆に憎悪や嫌悪、場合によっては恐怖といったネガティブな感情を抱かせ、破壊や攻撃へと導くことだ。

しかしながら、ここで気をつけなければならない落とし穴があるように思われる。良い想念が〝善〟であり、悪い想念が〝悪〟であるという単純なものではないということだ。というのも、何が善で何が悪かはその人の価値観によって異なるし、そもそも絶対的な善悪など存在しないからだ。

人間は知らず知らずのうちに好き嫌いの感情のふるいにかけて、善悪を判断してしまうものである。たとえば、「あの人は嫌いだから悪い人間だ」というように短絡的に判断しがちだ。それにドグマ（宗教上の教義、独断的な説）が絡むと余計に厄介になる。「あの人は●●教信者だから、悪い人間だ」とか、「あの人は共産主義者だから悪だ」といった理論がまかり通るようになる。世界を見渡せば、いかに好き嫌いの感情が価値観をゆがめているのかがわかるだろう。

この好き嫌いの感情について、秋山氏は次のように語る。

秋山　要はこういうことです。好き嫌いで判断する価値観を持っていると、結果的にその人にとってよくないことが起こります。たとえば、この食べ物がおいしいからとたくさん食べると、糖尿病になったりします。この人が好きだからといって、別れたら自殺してしまう人もいます。好きだからしたことによって、自分で自分の首を絞めるような状態に陥ってしまうことがあるのです。

先日も「ワクワクすることだけをやっていればいいのよ」と言う人に、「それでは生きていけませんよ」ということを言ったら、「あなたの考えが古いのよ」と大変に蔑《さげす》まれました。でも私には、その人がこのままではダメになっていくのが目に見えるのです。

いわゆる人間のカルマというのは、非常にしつこいものです。好き嫌いで選びたいという癖があります。でも、その好き嫌いで決める人生は、その人が健《すこ》やかで楽しく生き続けるのにふさわしい生き方かというと、必ずしもそうではないのです。ファッションでも同様です。目立つ必要がないところで「自分が好きだから」という理由で目立つ格好をしたために、銃で撃たれるかもしれないわけです。

本人の好き嫌いで世の中がうまくいくのなら、誰も苦労しません。それは幼稚園のころから我々が学んでいることでもあります。「この玩具《おもちゃ》欲しい」と言って他人の玩具を取ってしまったら、友達にも先生にも怒られて、仲間外れにされてしまいます。それでようやく反省して、その子も学ぶわけです。

大人になってからはあまり怒られなくなりますが、逆に好き嫌いをどう扱うかという自己責任は大きくなります。要はその人の好き嫌いの「正しさ」が問われるのです。

善悪ではなく、求めるべきは「理想の正しさ」

布施　「好き嫌いの正しさ」とはどういうことですか。

秋山　自分が理想とする、自分の心の中にある「正しさ」です。私ももちろん、自分がいつも正しいと思っているわけではありません。でも、常にその「理想の正しさ」に戻るように心がけています。それしか、好き嫌いの罠に陥《おちい》らないですむ方法はありません。

言葉などは発した瞬間に間違えるのが人間です。常に正しさに戻ろうと心がけようとするけれど、間違いの連続をやるのが人間なのです。それはそれでいいのです。でも、そのことを「そうだよね」と言って共感できる社会を築く必要があるのです。

スペース・ピープルの社会はそういう社会です。宇宙生命の観点からすれば、正しさを常に求めて、間違いに気づき正し続ける社会が一番健全な社会なのです。つまりスペース・ピープルですらより正しい社会に向かっているわけで、完全ではないのです。間違えながら学んでいる存在なのです。

肉体を持っている生き物で、殺し合いをしない文化は本当に皆無です。ですから我々だけが一方的に劣っているわけではないのです。彼らもまた、理想の正しさを追い求めているのです。

＊　＊　＊

このスペース・ピープルの善悪論に関しては、スペース・ピープルとの哲学問答について書いた次ページのコラム「善悪のカルマと無限リボンの罠」を読んでほしい。この宇宙には絶対の善もなければ、絶対の悪もない。そのどちらを徹底的に追い求めても、無限の袋小路につかまるだけなのだ。もうそうなると、清濁《せいだく》併《あわ》せ呑《の》みながら、常に何が「理想の正しさ」なのかを追い求めるしかなくなる。自分が理想とする「正しさ」を思い描き、常にその「正しさ」が行われているかどうかを自分で確認する作業が必要なのである。

その哲学問答のテレパシー交信があった翌月末（一九八〇年七月三十一日）、秋山氏は次のようなメッセージをスペース・ピープルから受け取っている。

「善に統一することなどできぬ。悪に統一することはなおさらできぬ。正に統一せよ。正志実践こそ人間の道である」

コラム４「善悪のカルマと無限リボンの罠」

それは薄く赤茶けたコクヨの大学ノートであった。ページを繰っていくと、驚いたことに、そこには秋山氏が十七歳から二十五歳までの間に経験したスペース・ピープルとの交信・交流記録が記されていた。

その中で特に目についたのは、一九八〇年六月二十四日午後十時二十四分から始まった交信記録であった。そこにはメビウスの輪を算用数字の「８」にしたような図形が描

図22　**無限リボン（大）**　上下の輪の中に、さらに小さな無限リボンが出現している。

かれていた。無限大の記号「∞」を縦にしたようになっていることから、秋山氏はそれを「無限リボン（大）」と表現していた。次に、その無限リボンの上下の輪の中に、それぞれ小さな無限リボンが出現した絵が描かれている（図22）。そのシンボルの意味を理解するのが、宇宙人から秋山氏に与えられたその日の課題だというのである。

ノートには、秋山氏と宇宙人との間で次のようなやりとりがあったと記されている。

秋山　無限リボン（大）は、この場合宇宙を表しているのではないか。

宇宙人　違う。

秋山　生命の転生のような、命の性質か。

宇宙人　違う。

秋山 リボンが縦になっているところに特別の意味があるか。
宇宙人 そうだ。
秋山 上の輪と下の輪は別の意味か。
宇宙人 そうだ。
秋山 これは人間の善悪の観念、つまりカルマを表しているのではないか。
宇宙人 そうだ。
秋山 上が善で下が悪だろう。
宇宙人 そうだ。

このやりとりの後、秋山氏による「結論」が次のように書かれていた。

結論 この輪は無限を意味するので、このサムジーラ（編集部注・宇宙人との交信に使う一種の映像システム。143ページ参照）が表すものは当然のことながら、この無限という性質を持つのである。とすれば、まず頭に浮かぶのが宇宙であるが、この単純な発想はあえなく否定されてしまった。この輪の持つ意味は、人間が持つ観念のうち最も不安定な善悪の観念であり、善は悪よりも上（天国地獄の発想からもわかる）という意識から上が善、下が悪になっている。そしてそのどちらを追求してもきりがないということで、その輪の中に無限リボンが出現したのである。これが何千年という間、人間を縛りつけてきた鎖（カルマ）の正体である。

何と意味の深い〝禅問答〟であろうか。このような哲学的な問答を、秋山氏は二十歳にも満たない若さで宇宙人と連日のように交わしていたのである。

善と悪、好きと嫌いを価値基準とする想念は、結局のところ「黒か白か」「テロリストか味方か」という二極対立を作り出してしまうような想念と同じである。たとえば、「便利になる」「利益になる」「効率的になる」などの理由で、「今の科学」は目覚ましい躍進を遂げた。十八世紀のイギリスで始まった産業革命を経て、近代資本主義経済が確立、人々の暮らしの利便性も飛躍的に向上した。

一見すると、「善」の働きをしたように思える。しかし、産業革命は同時に、労働者である人間をまるで機械の一部のように扱うという弊害をもたらしもしている。これは「悪」の働きのように見える。

生活の利便性という「善」だけを追求すると、その陰で劣悪な条件や環境で働かされる労働者が出てくるという「悪」を生み、逆に労働者の権利を守るという「善」だけを追求すると、中にはまったく働かないでさぼるという「悪」が生まれるのだ。

同じことは科学と精神についても言える。科学は人々の生活を物質的に豊かにする一方、自然を破壊して人間の精神性を軽視する傾向があるからだ。逆に文明の利器を嫌い、精神性だけを追求すると、不便でその日暮らしの生活が待っているように思われる。

つまり、善と悪はコインの裏表のようなものである。どちらもあまりにも突き詰めすぎると、無限リボンという袋小路に嵌《はま》るのである。

一番高位のエネルギー「ラルカ・ルルー」

布施　ところで、今の地球の状況では、ルルーの発動は不可避なのでしょうか。
秋山　その前に、地球の現状を説明しておきます。はっきり言うと、今までのどのような時代よりも今は平和です。しかし、平和だけど自殺者は増えているような時代です。平和なのにもかかわらず、絶望感が激しくなっています。
何となく体調がすぐれないとか、何となく考えがまとまらないとか、食べ物がおいしく感じられないとか、そうした様々な要素の集積があって、心が追い込まれていくのです。それだけマイナスの要素が蓄積されてきたために、今回ばかりは人類の精神性が持たなくなってきた状況にあるのです。

ですから、すごく大きな断行として、スペース・ピープルを含め宇宙の総意として、ルルーの発動が決まったということではないかと思います。ルルーの中でも一番高位のエネルギーである「ラルカ・ルルー」が発動されるのだと思います（195ページの表参照）。

ラルカ・ルルーに気づく人は、半ば奇跡的に、あるいは啓示的に気がつきます。ですから激しい宗教家も出てくると思います。人類の救済を叫ぶリーダーが出てくるはずです。精神的な運動を活性化する萌芽が生まれます。それも一〇パーセントの人々が動き始めるからです。

逆に言うと、一〇パーセントの人々がマイ・アセンション（221ページ参照）を成し遂げるまで、それを気づかせるようなラルカ・ルルーが続く可能性があるということです。というのも、ラルカ・ルルーは強烈に問題点を気づかせるように働くからです。

好き嫌いを判断基準にする人は、問題点を避ける傾向があります。その方が楽だからです。ところが、ラルカ・ルルーによって問題点にハッと気づかされた瞬間に、猛烈に何かをしなければいられなくなってきます。能力者がエキセントリックな理由は、その衝動があるからです。

能力者は、自分を含む社会の問題点に激しく気づきます。ですから、社会の問題点を変えようとアピールするとともに、自分を変えていかなければならないわけです。その道は険しいのですが、社会と自分はこのようにつながっていたのかとか、こういう相互影響があったのか、ということもはっきりしてきます。

その中で、社会をこう変えればいいのだとか、あるいは自分の中で一〇パーセントくらいの想念を力まずに変えていけばいいだけなのだとか、気づき始めます。で、そのように気づいた人たちが同質結集の法則でたくさん集まれば、そのようなネットワークが生まれていきます。結集すべき人たちが結集すれば、マイ・アセンションも可能になるわけです。

でもそれは、今皆がツイッターでやっている「いいね」でつながったネットの人間関係では決してありません。これはひどい人間関係です。「いいね」を押してくれた人がこんなにいるのだから「俺はすごい人間だ」と思い込むことによって首の皮一枚でつながって、ようやく自分を支えているような人が多すぎます。

「いいね」を押している人は、押さないと恨まれるから押しているにすぎません。その「おざなりの念」が溜まるのが「いいね」です。ドンドンその変な念が溜まるのです。

既に始まっている最高レベルの「総変化」

布施　人類の精神性が破たん寸前であるとのことですが、それはなぜだと思いますか。

秋山　一つの反省点としては、なぜこんなにも激しく皆の精神性が委縮し、レベルが落ちていっているのかというと、冷静に考えればよくわかることですが、皆がインターネットの闇の側面に囚われているからです。一人の悪い者が、自分の悪を受容できないので、誰かのせいにします。社会のせいにしているうちは、何となく正義の志士のようでいいかもしれませんが、実態は悪想念の暴走です。

悪想念が暴走すると、自分を全然振り返ることができなくなります。すると、ドンドン人を攻撃するようになり、ドンドン闇に引き込まれていきます。それが大量に集積された泥沼のような状態がインターネットの闇です。これはものすごい勢いで加速度的にカルマを増大させています。

すべてはその人が発する想念の問題なのです。ネットで批判を展開するなら、少なくともその想念に責任を持って実名で書くべきです。

もちろん、ネットが便利さを加速させたことは十分に評価すべきです。良いことを良い想念で発信した場合でも拡散しやすくなったからです。そういういい側面もあります。それでも人を叩くときに実名で書かないのは、ひたすら心の闇を広げていくだけなのです。

もう一つ注意しなければならないのは、海外から入ってきたニューエイジ的な動きです。ポジティブ・シンキングとか「ワクワクすることをやりなさい」という言葉が、この何十年かの間、精神世界を駈けずり回っていました。それなのに自殺者の数がうなぎ上りというのは、明らかにおかしいと思わなければなりません。

ポジティブ・シンキングとネガティブ・マネージメントの車の両輪をちゃんと見極める必要があります。ポジティブ・シンキングだけではダメです。自分の好き嫌いの座標が間違っている可能性を常に意識して見つめていくべきなのです。

自分の好き嫌いの座標が正しいのかダメなのか——今は情報の反乱によって、それがわかりづらくなってきています。既に指摘したように、好き嫌いが非常に偏っていれば、それは緩慢な自殺につながります。でも本来は、常に修正ができれば、自己向上することができるわけです。

仕事が好きな人は経済的に自由になるし、時間的にも最後は自由になります。平和が好きな人は社会を平和にします。好きになった方がいいものは、結構はっきりしているのです。

美に絶望している人もいます。穿《うが》ったものを求めすぎて、作品の個性がたくさんの人を喜ばせる価値基準から逸脱しているケースも見受けられます。個性的だから何でもいいというわけにはいかないのです。大衆に迎合しないのが芸術家だという人もいますが、やはり人々の心地よさとか喜びを価値基準にしないと、ただ売れないだけで終わってしまいます。美の探究者にとって心地いい作品は、必ず好まれるはずです。同様に個性は、楽しく美しくあるべきです。

布施　最後にもう一度確認しますが、最高レベルの「ラルカ・ルルー」が発動されることは間違いないのですか。

秋山　ラルカ・ルルーのレベルの総変化であるLシフトがあるということは間違いないと思います。ものすごい勢いで「気づき」が起こります。

当然、世界でもいろいろなことが起こります。北朝鮮のミサイル騒動もその一環です。ミサイルが飛んでくるとわかったときに、初めて我々の生き方が問われるわけです。福島の原発事故も同様です。その意味では、既にラルカ・ルルーレベルのLシフトは始まっているのです。繰り返しになりますが、我々は既に第二宇宙の極限にある「核を弄《もてあそ》ぶ世界」の現実に気づかされているということです。北朝鮮だけが責められているのではなく、どの国も責められているのです。

コラム5 「創造か破壊か――それが問題だ」

好き嫌いで選択するという癖は私にもある。だから正直、秋山氏の話は耳が痛い。実は考え方や政治信条、主義主張のまったく異なる取材先がおり、その対極性ゆえに長年取材をしなかった相手がいたからだ。おそらく八年間くらい会っていなかった。

ところが、約八年前のある日、家人が一種の〝啓示〟を受け、「お前はT氏とは主義主張が合わないし、まったく別の道を行くものだと考えているかもしれないが、私たちから見れば、お前たちの相違点はコーヒーが好きか、紅茶が好きかの違いにしか見えない。それだけの違いのためにT氏と会わないのはおかしい。とにかく会ってみろ」と何者かに告げられたのだ。

私があれほどまでにこだわっていた主義主張の違いが、実はコーヒー党か紅茶党の相違にしかすぎないと言われて、私は我に返った。「そんなに言うなら、騙されたと思って会ってみよう」と取材のアポを取り、T氏に会った。すると、面白いことに話は弾み、あれよあれよという間に六冊の本が出版されたのだ。

そのうちの二冊目の本『「竹内文書」の謎を解く2――古代日本の王たちの秘密』（成

甲書房）の著者校正が終わったその日（二〇一一年十一月二十一日）に見えたのが、冒頭で少しだけ触れた、例の二重の虹であった（写真12）。

好き嫌い、善と悪を価値基準にしてしまっては、創造も向上も止まる。単純に善を選び、悪を捨てろというような簡単なものではないのだ。善と悪の定義も時代や国によって変わる場合があるのである。極端な例を挙げれば、ある国にとっての「英雄」は別の国にとっての「テロリスト」にすぎない。つまり絶対的な善も絶対的な悪もこの宇宙には存在しないのだ。

善と悪に価値判断を置くと、教義によって悪は善になり、善は悪になるという堂々巡りに陥る。その鎖に囚われると、対立の連鎖から逃れ出られなくなる。実はこれが宇宙の仕組みなのである（コラム「善悪のカルマと無限リボン」参照）。

同じことは、好き嫌いを価値基準とする生き方にも言える。「好きなことだけをやり、嫌いなことはやらなければいい」という態度では、いつか行き詰まる。好きなものを食べてばかりいると、病気になったりするのと同じだ。嫌いな人だけを邪険にすればけんかになるし、「お友達」だけを重用すれば腐敗する。常にバランスを取らなければ、向上は停滞する。

バランスを取るためには、食わず嫌いをやめることだ。嫌いなことでも楽しんでやれば、

写真12　著者校正が終わったその日に現れた二重の虹（2011年11月21日撮影）。写真左上には、透明な丸い物体が複数個写っているように見える。この日撮影した他の写真には、この“物体”は写っていなかった。

何かそこに喜びを見出すことができるのではないか。常に自分の思考や嗜好が心の中にある「理想の自分」の正しさと合致するかどうかチェックすることも必要だろう。

人間は善と悪、好きと嫌いに分けたがる。どうやらスペース・ピープルは、そのバランスを欠いた偏りを「カルマ」と呼んでいるようだ。カルマは一種の癖のようなもので、その本質は、偏るのが好きというだけの話なのだ。

それでも、そうした善悪や好き嫌いのカルマに陥らないための指針のようなものが宇宙にはあると秋山氏は言う。

秋山　宇宙においては、良い想念と悪い想念の定義ははっきりしています。皆を楽しくさせるような宇宙を創造することが良い想念です。逆に皆に憎悪や嫌悪、場合によっては恐怖といったネガティブな感情を抱かせ、破壊や攻撃へと導くのが悪い想念です。これが宇宙に存在する唯一の良い想念と悪い想念の定義であり、善悪の指針なのです。

第8章

スペース・ピープルの学校「テペスアロー」と地球の未来

想像を絶するスペース・ピープルの教育システム

前世において秋山眞人氏をはじめとする多くの地球人は、別の惑星で再教育を受けたのだと言う。その再教育を受けた人たちは現在、秋山氏のように日本などそれぞれのゆかりのある地に転生してきているようだ。それにもかかわらず、今の地球の有様を見ると、権力者は恐怖を煽って大衆を支配しようとし、乗せられた大衆は異質なモノや意見を異にする人たちを排除したり攻撃したりすることを繰り返している。そこには異なるものを受け入れて、新しいものを創造しようという姿勢はほとんど見当たらない。あるのは憎悪と非難、攻撃と破壊の想念だ。

もっと根本的に地球人を変える必要がある――かくしてラルカ・ルルー的に発動されつつあるのが、スペース・ピープルの言う第三宇宙へのLシフトなのではないだろうか。

我々地球人が、スペース・ピープルから見ればヨチヨチ歩きの幼児であるのならば、スペース・ピープルの幼児・初等教育にその活路を見出すのも方法である。最終章では、スペース・ピープルがどのような初等教育をしているのか、秋山氏に聞いてみた。つまり、冒頭のプロローグで取り上げた空の彼方にある「三つの塔」で教えられている、三タイプの宇宙人が学ぶ教育である。

布施　地球人によるマイ・アセンションが成功するためのヒントがスペース・ピープルの初等教育にあるように思うのですが、いったいどのような教育を実施しているのでしょうか。

秋山　スペース・ピープルは教育が非常に特殊です。親と先生と自分の三人で入学の時期と卒業の時期を決める学校があります。必ずこの三者で決めます。この三人のコミュニケーションがしっかりしていないと入れないのです。そしてこの三人が調和しないかぎり卒業できません。そのような学校を宇宙語で

「テペスアロー」と呼びます。

上が玉ねぎのようになっている塔のような建物と、上が四角錐のようになっている塔のような建物と、お鍋のような形のものが塔の上に乗っかっている建物がありますが（図23）。必ずこの三つの塔の建物からできているのが、今のスペース・ピープルの学

図23　スペース・ピープルの学校「テペスアロー」

校です。塔の高さは結構高くて、それぞれ霞が関ビルくらいあります。多くは海際《うみぎわ》のところに建っています。建物の中はＵＦＯの構造とだいたい同じです。

これはどこの星でも同じです。ペルもエルもゲルも三種族共通の学校です。

布施　三種族の宇宙人が同じ学校に行っているというのは本当に面白いですね。この話を聞くまで、宇宙人はそれぞれの惑星の自分たちの学校で勉強しているのかと思っていました。

秋山　今は共通の学校があるのです。私が見たのは、金星のテペスアローです。ペル、エル、ゲルの合議のうえでできた学校があるのです。

テペスアローはどこも同じです。そこには基本的に地球人はいません。地球人でここに入った人はいないと思います。私も入れてもらえませんでした。まず親と先生と自分が調和しないと入学も卒業もできないわけです。かつ、非常にバイブレーションが良い中で、勉強が進められなければいけないのです。

布施　すると、ペルとゲルが〝和解〟というか、再調整したことがわかったのが地球時間では二〇〇八年六月ということでしたから（２６６ページ参照）、最近そういう学校ができたのですか。

秋山　最近というか、それぞれの宇宙とは時空間が異なりますから、地球時間で言うと今から四千年後の金星にある学校です。

布施　ということは、今はまだない学校ですか。

秋山　ないとも言えるし、あるとも言えます。繰り返しになりますが、時空間が異なる宇宙ですから、今あるかないかなど言いようがないのです。要はどこの宇宙の時空間に自分をチューニングするかなのです。どこに意識を持っていくかによって、時間はいくらでも移動できます。だから地球の時間で言えば、四千年くらい先の未来の宇宙というしか表現のしようがないわけです。

それに一部の宇宙人たちは、その前から一緒に勉強していました。それが段々本格的になって、一種類しかなかった建物が三種類になって、三種類の宇宙人が学ぶようになりました。金星にあった初期のテペスアローは、玉ねぎ型のヒューマノイドタイプの学校だけでした。〝今〟はペルとゲルの建物も建っています。

＊　＊　＊

ペルとゲルの〝和解〟について簡単に触れておこう。既に説明したように、集団行動の好きなペルと、個人主義の発達したゲルは、考え方もライフスタイルもまったく異なるタイプの宇宙人だ。好き嫌いの観点から言えば、おそらくお互いに〝嫌い〟のタイプだと思われる。

しかし彼らは、自分とは異なるという理由で他の種族を排除したり攻撃したりはしない。

むしろ、異質のモノから学び、それを自分たちの文明の発達や創造性に結び付けようとする。そこでペルとゲルの間でお互いの認識調整をし直した〝和解〟が執り行われたというわけだ。

秋山氏によると、宇宙人側はその〝和解〟の日を、地球時間では二〇〇八年六月二十四日に設定した。推測するに、お互いの宇宙は時間が異なるため、その日取りはいつにでも設定できるはずだ。ということは、地球時間のその日に設定することが、地球人の未来にとって好影響を与えるであろうとの判断から選ばれた地球時間であったのだと思われる。なにしろ、彼らは意識で別の宇宙の特定の時間にチューニングして、そこに実際に行くことができるからだ。

従って〝今〟の地球時間で言えば、三種類の宇宙人が学ぶ、三つの塔のあるテペスアローは既に〝未来〟において金星に建っているのである。

UFOは卒業生が着る「制服」のようなもの

布施　学校を卒業するのにどれくらいかかるのですか。

秋山　それぞれのスペース・ピープルによって異なりますが、平均で四年くらいではないでしょうか。基本的に子供のときに入って、卒業するとＵＦＯが与えられます。一人一機ＵＦＯを持ちます。

布施　以前話をうかがったときには、秋山さんはＵＦＯを二機持っているということでしたが、彼らは一機なのですか。

秋山　一機といっても二機で一セットですから、実際は彼らも二機持っています。与えられて自由に動かせるのは一機で、もう一機は母船に保管されます。学校の卒業生に与えられるＵＦＯは、自分の肉体のように完全にコントロールできる能力を持って初めて乗りこなせるＵＦＯです。学校を卒業しないと乗りこなせないのです。ＵＦＯは宇宙を冒険するための「制服」のようなものです。自立のシンボルです。

　ＵＦＯは大きくも小さくもなります。ですから母船に保管されるＵＦＯは、小さくされます。縮小されると記録用のビー玉みたいになります。小さい玉にして保管します。

布施　秋山さんが持っているというＵＦＯにも乗ることはできるのですか。

秋山　乗ることはできません。基本的に、地球人には乗ることができるＵＦＯは与えられないと思います。向こうが貸してくれることはよくあります。私が持っている二機は、そのＵＦＯに乗って宇宙の果てに行けるようなＵＦＯではありません。あくまでも通信用のＵＦＯです。

布施　学校ではいったいどのようなユニークな教育をやっているのでしょうか。

秋山　テペスアローの目的は、既に説明した「与えよ、我に我を」です。自分を理解することは、同時に他人を理解することでもあるのです。また、最初は莫大な基礎的な情報・知識を覚えるという記憶作業をやります。記憶しなければならないときは全情報を歌で覚えます。歌の音で覚えます。それは記憶と音との間には深い関係があるからです。だから覚えるものは全部歌になっています。みんなでそれを歌います。

布施　どのような歌なのですか。替え歌とか？

秋山　これはいろいろです。音で記憶するのは、一つには実際に記憶する内容を歌詞にして歌う方法があります。それから、ある特定の音楽を聞きながら、何かを記憶する方法もあります。これは「ながら学習」ですね。この方法も結構覚えることができます。

布施　個人個人が好きな音楽を選んで覚えるのですか。

秋山　いや、音楽は決まっています。決まった音楽で覚えます。あと、呼吸をしながら、呼吸のリズムを音に合わせることによっても記憶力は倍増します。こうした方法を組み合わせて莫大な情報を記憶していきます。これが最初の百日くらいの授業です。徹底して記憶をやります。

ビー玉にその人のオーラを記録する

布施 でもいったい、その百日で何を覚えさせられているのですか、宇宙共通語の言葉の意味とか名前を記憶しているのですか。

秋山 いいえ。基本的に名前はありません。彼らはイメージのテレパシー交信で全部理解してしまいますから、名前は必要ありません。でも、統一したイメージを持たなくてはならないので、教育の現場ではかすかに言葉を使っています。「水」というイメージに対して「ミズ」という言葉を出して、「そうだね。それが水だね」というような作業をしています。「宇宙」「地球」「木星」などの言葉もかすかに使っています。

基本的な太陽系語は使っているようですが、統一したイメージを共有できれば、太陽系語はいらなくなります。そういうものを含めて、本当に基礎的な知識を記憶するわけです。

覚えることとは、基本的には私がスペース・ピープルから教わったことと同じです。私はテペスアローには入れませんでしたが、教科書は全部読んでいます。サムジーラのスクリーンでも見ているし、実際の授業のボードでも見ています。だいたい同じ内容でした。

それからみんな玉を持ちます。自分のバイブレーション（波動）を記録する玉を持ちます。

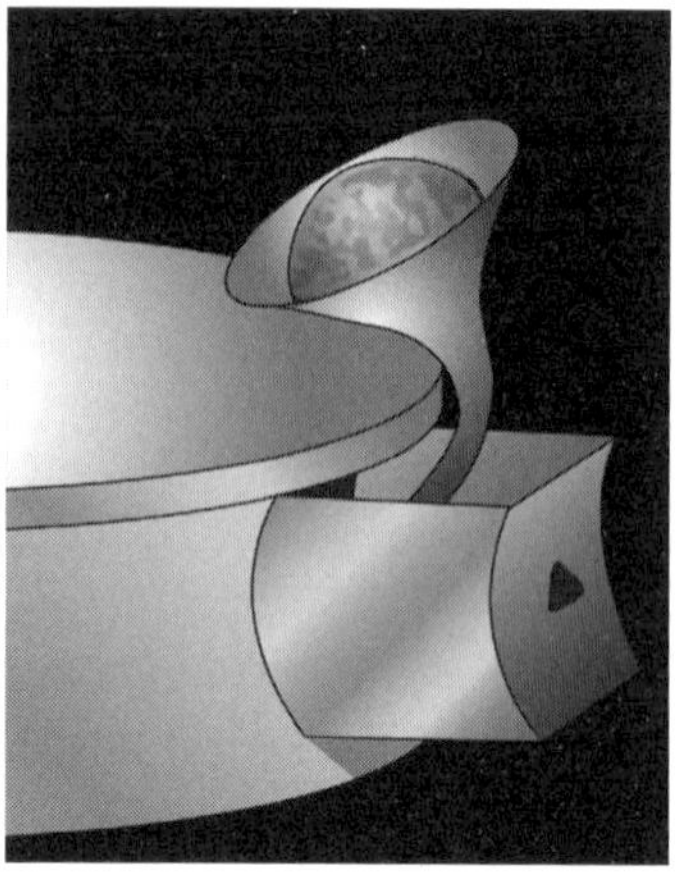

図25　過去観察機（過去波動リサーチャー）ラッパ型の入り口には未来を見通す水晶玉のようなレンズ型のスクリーンが設置されている。このスクリーンに過去の波動を再生して昔の光景を見ることも可能。

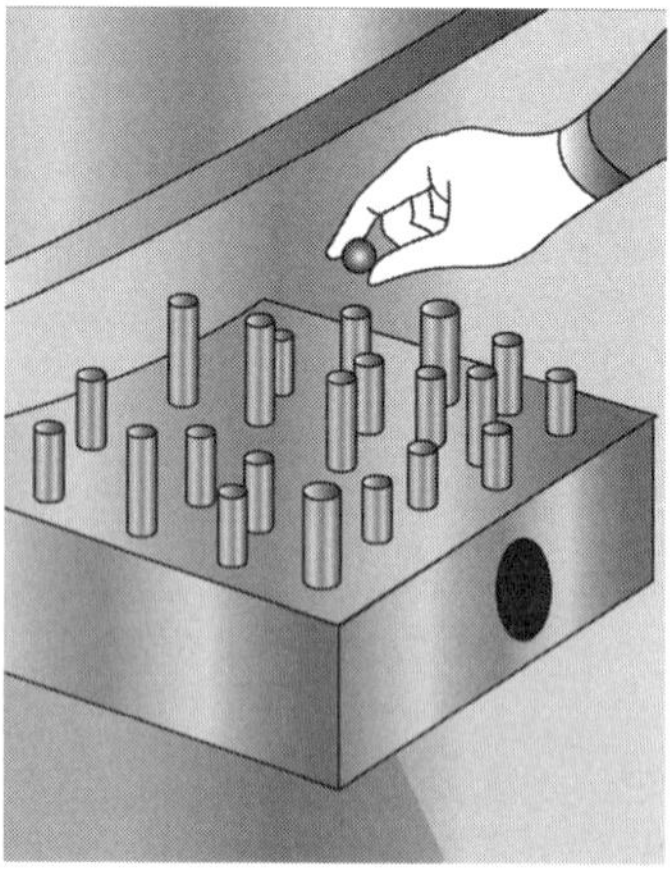

図24　個人の波動観察機（バイブレーション・リサーチャー）指で持っているのは小型ＵＦＯであるビー玉で、これを地球に飛ばして、特定の人間の周囲の空間を浮遊させ、その人のオーラを記録させる。この玉をシリンダーの中に挿入しておけば、シリンダーの上に手をかざすだけで、その人の想念や行動を感じることができる。そうやって個人や事物の波動をリサーチする。

ビー玉みたいな玉です。そのビー玉自体が小型ＵＦＯみたいなものなのです。ＵＦＯのように動くこともできる小型記録装置です。みんなこの記録球を持ちます。それにすべてが記録されていきます。

布施　「すべて」とは具体的に何が記録されるのですか。

秋山　その人が発する波動、もしくはオーラと呼ばれているものです。それらが記録された玉を読み取りさえすれば、その人がこれまでに何を考え、どのような行動をしたかが手に取るようにわかります。それを感覚的かつ視覚的に見ることもできます。つまり、波動感知力の強い人、オーラを読み取ることができる人なら、はるか大昔から現在に至るまでのその人のすべてが、何でも見えてくるわりです。

たとえばＵＦＯの中には記録用ビー玉を保管する装置もあります。小型ＵＦＯであるビー玉を地球に飛ばして、特定の人間の周囲の空間を浮遊させて波動というか、その人のオーラを記録させます。それをこの装置のシリンダーの中に挿入しておけば、シリンダーの上に手をかざすだけで、その人の想念や行動を感じることができます（図24）。

このビー玉の内容を再生して見ることができる過去波動再生装置みたいなものもあります（図25）。一見すると蓄音機のようですが、ラッパ型の入り口には未来を見通す水晶玉のようなレンズ型のスクリーンがあります。このスクリーンに過去の波動を再生して昔の光景を見ることも可能です。

一度二千年前のイエス・キリストの実写映像を見せてもらったこともあります。スローモーション映画のように、ゆっくりガサガサと動いていました。その映像の中のキリストは小柄で、両肩のがっちりした屈強な体格でした。その指は節くれだっており、働き者であったことがうかがえました。

間違いだらけの地球教育

布施　そのようなビー玉記録装置を持つとなると、勉強していないということが一発でばれてしまいますね。悪いことをしてもすぐにわかってしまう。

秋山　やはりスペース・ピープルでも偏りが出てくる場合があって、その偏りを修正するためにビー玉を活用するのです。先生はその偏りを一目瞭然に見抜くことができます。

つまり教育は平等にやらなければならないのです。偏りがあってはいけないのです。で、問題点を本人が気づくようにしなくてはいけないわけです。これがすごく重要です。

問題点に気がつかないまま、不平等教育をやると、それだけで人間は壊れていきます。だから今の地球の教育は、まさに諸々《もろもろ》の元凶でもあるのです。

たとえば地球では、なぜ戦争をしてはいけないのかとか、なぜ人を責めてはいけないのかとか、なぜ人の自由を奪ってはいけないのかということが、最初にきちんと教育されていません。「とにかくたくさん覚えて、たくさんテストに受かった人間が出世するんだ」と先生は言います。「なぜですか」と聞くと、「うるさい！」とか言われたりします。これが地球の教育の現状です。

本来は、なぜ戦争が止まらないのだろうということを徹底的に分析、研究して戦争をなくさなければなりません。それが地球に課せられた宿題です。それなのに、そんなことお構いなしに競争させて偏らせて壊していく教育を続けています。戦争がなくならないわけです。偏差値教育などは、まさに戦争を推奨しているようなものです。

布施　では、宇宙人の学校ではどのように教えているのでしょうか。

秋山　スペース・ピープルの学校でも確かに記憶させます。それで基礎的な重要なことをたくさん記憶します。テストのようなものもあります。でも競わせたりはしません。

記憶のカリキュラムが終わった後は、創作、つまり作るということをさせます。その際、一人で作るのとチームで作るのとの両方を経験させます。チームはだいたい三人で組ませます。三人で一つの班です。さらに三つの班が集まって、より大きな彫刻を作るとか、ＵＦＯのメカニズムを学ぶとか、宇宙の構造を学ぶとかをします。

ポイントは、何といっても客観性と主観性の両方をバランスよく学ぶということなのです。それを三タイプの宇宙人が学んでいくのです。

布施　文化も考え方も違う三タイプの宇宙人が同じ学校で学んでいるのですから、バランスを取ることが非常に重要になるわけですね。

秋山　連合体になったところは、必ず一緒に学んでいます。先ほど描いた三種類の建物（２

63ページの図23）も、それぞれの宇宙人を象徴しており、中ではつながっています。玉ねぎ形の塔はエルで、四角錐はゲル、そして鍋みたいなのがペルです。

布施 ああ、なるほど、ピラミッドはゲルなのですね。

秋山 エルの玉ねぎは、赤い色をしています。ゲルの建物は全部石で組まれています。ペルの建物は全部金属です。

布施 みんな仲が良いのですか。

秋山 仲が良いというか、チームですよね。チームであると言うしかありません。

布施 秋山さんは以前、宇宙人の間では地球の環境汚染を食い止めるための掃除当番みたいなものがあると言っていたと思いますが、掃除当番も学校の課外活動だったりするのですか。

秋山 そもそも地球みたいな星にかかわろうとする宇宙人は皆、ボランティアみたいなものですからね。「皆でボランティアやろうぜ」と言って、「代わりばんこ」に掃除みたいなことをやっている可能性はあります。

布施 それを考えると、ペル、エル、ゲルの宇宙と地球の宇宙はくっついているのに、地球人だけが置いてきぼりを食っていますね。

秋山 そうですね。地球のような星はほかにもいくつかあるのでしょうけれども、やはり激しくぶつかり合う、攻撃し合う想念の星は珍しいのかもしれません。要するに自殺願望の想念が強いのが地球人です。お互いを殺し合う〝自殺想念〟がとても強いのです。

布施　地球人が放っているのは自殺想念なのですね。

秋山　そうです。結局、戦争や闘争といった攻撃想念は自分で自分の首を絞めて殺すようなものですから、他殺ではなく自殺そのものです。「怖いから殺す」を繰り返す「自殺想念」です。

別の言い方をすれば、先ほど体の構造の箇所でお話ししたように、バランスを欠いたネガティブな想念や偏った想念は、自分の体を破壊するのです。だから他者を攻撃することは、自分を攻撃することにほかならないのです。非常に自虐的です。

スペース・ピープルの学校では、異なるものを怖がり排除するのではなく、主観性と客観性を深く掘り下げながら、他者とのかかわりの中で自分の想念や感情をバランスよくコントロールする術を学んでいくのです。

地球人の想念が天変地異や戦争を招く

布施　先ほどの「ビー玉」の話に戻りますが、このビー玉は学校を卒業しても持っているのですか。

秋山　卒業しても持っています。スペース・ピープルは生涯、このビー玉をだいたい三つ持ちます。そんなに複雑なモノでもありません。自分の故郷の星の単なる水晶のボールと、記録装置としてのビー玉、そして別の世界や別の場所にバックアップ用、あるいは予備として保管しておく玉の三つです。

　先ほどお話しした保管装置があるのは、きちんとしまわないと混ざってしまう場合があるからです。私もビー玉だけは触らせてもらえませんでした。

布施　秋山さんでも触らせてもらえなかったのですか。

秋山　そうです。地球人なんかに触らせようものなら、もう肥溜《こえだ》めの中に突っ込むようなものです。

布施　最初にスペース・ピープルが地球人と接触したころに比べて、地球人はさらに汚れてしまいましたかね。

秋山　いや、それは考え方によります。地球人の想念を見ると、汚れている部分は汚れているし、きれいになったところはきれいになっています。少なくとも、昔よりクリエイティブになっているかもしれません。創造的な力を未来に発揮することによって、膨らんでいる汚い部分を何とか抑えているという感じでしょうか。

汚い部分が膨らむスピードがこれ以上進んでしまうと、せっかく発揮しつつあるクリエイティブな部分が食われてしまいます。差し引きで借金だらけになりかねない状態です。今、そのせめぎ合いに入っています。

これ以上ネガティブな想念が激しくなってしまったら、人が死ぬようなことがたくさん起こると思います。天変地異も起こるだろうし、戦争も起こります。それらは皆、地球人の想念が呼び寄せるのです。宇宙船「地球号」は、人類の想念によって動いている巨大ＵＦＯなのです。我々の想念が地球をコントロールしているのです。地球をどうするかというのは、我々の想念をどうするかというメンタルな問題でもあるわけです。個別の意識は、巨大な意識と相似象なのです。

我々にはそれぞれ、地球のために担当している部分があります。ですから、我々ができることは、想念をなるべく美しく磨いていくということに尽きるのです。

スペース・ピープルの学校はプロセス重視

布施　学校では医学みたいな授業もあるのでしょうか。

秋山　彼らの宇宙哲学がいわゆる医学のようなものです。というのも、病気も基本的には自虐という想念から発生するからです。潜在意識の中にこの肉体を抹消したいというネガティブな意識があることが問題なのです。

この肉体は苦痛のためにあるのではなくて、よりよく生きるために苦痛があるのです。健康維持を怠ると苦痛が起きて、皆治そうとするのです。苦痛がなければ皆、ガンでも何でも問題に気がつかないまま死んでしまいます。苦痛は生きるための警報です。本来は病気があること自体がおかしいのです。

布施　スペース・ピープルには病気はないのですか。

秋山　ほとんどありません。いつも肉体と精神のチューニングをしていますから、病気にはならないのです。そもそもスペース・ピープルには医者がいません。医者という職業がありません。教育者がいるだけです。逆に言うと、それだけ教育というものが重要だということです。教育で病気にならないわけですから。

要は、スペース・ピープルの学校はプロセス重視なのです。「1＋1は2です」と教えるのは結果重視の教育です。「1＋1は2ですが、なぜ2になるのでしょう。考えてみましょう」と教えるのはプロセス重視の教育です。スペース・ピープルの教育は必ずプロセス重視です。答えだけ隠して考えろ、なんていう乱暴なことはしません。

そう考えると、地球人のテスト形式はある種の拷問と変わりありません。答えがわかったことのすごさを褒《ほ》めて、わからないと痛みで教え込むような教育は拷問です。

布施　意図的に決められた答えだけをひたすら解いたり覚えたりしなくてはならないわけですから、確かに拷問ですね。だから興味本位で知識だけを集めて飾ろうとする人間が増えてしまう。

秋山　そうなのです。結局、地球人の教育を実践していくとそうなってしまいます。結果重視の教育をやるから、うわべだけを飾る、興味本位だけの人が増えてしまうのです。「1＋1は2」という仕組みがあるのだけれど、どういう意味なのか、みんなで考えるべきなのです。最初に答えを教えて、なぜこの答えなのかを考えさせるのがスペース・ピープルの教育です。

ルドルフ・シュタイナー（一八六一〜一九二五、ドイツやオーストリアで活躍した哲学者・教育者）もそういったものをやろうとしたのだと思います。だけど彼はちょっと美意識が弱いです。何かが欠けている感じがします。まあ、教育を変えようとしたという点では偉人だと思います。

とにかくスペース・ピープルの学校の仕組みがわかればわかるほど、今の地球の仕組みの滅茶苦茶さがよくわかります。こうしたスペース・ピープルの学校であるテペスアローは、太陽系では金星にも水星にも木星にも土星にもあります。天王星、海王星、冥王星にはありません。

布施　太陽系の惑星の話が出たのでお聞きしますが、アダムスキーは太陽系には十二の惑星があると言っていましたが、これはどの惑星のことを言っているのですか。

秋山　あれは未来から見た惑星の数だと思います。未来には十二の惑星があるのです。あるいは遠い過去には十二あったということかもしれません。火星と木星の間には小惑星帯がありますからね。

布施　何か十二には宇宙的な意味が込められているようですね。ＵＦＯ内部の会議でも十二人が出席すると聞きました。

秋山　そうです。中心になる一人の人物がいて、円形のテーブルに人が集まって会議をします。全部で十三人です。必ずこのような構成にします。三人一組の四チームのリーダーが一人という構成です。四つ葉のクローバーと中心にリーダーが一人という構造です。

それは宇宙の構造そのものでもあります。同時に身体論で説明しましたが、人間の構造にも非常によく似ているわけです。

三人がチームを組んで学習するシステム

布施　先ほどの話に戻りますが、百日間くらいの記憶学習が終わったら何をするのですか。

秋山　主観性と客観性、自分と他人の勉強です。三人のチームを組むことは先ほど述べましたが、チームの中で助ける、助けられるということによってどういう感情が起こり、どのような変化が生じるかを体験させるわけです。三人でできることをより大きく考えたり、三人でできることをより緻密に小さく考えたりさせます。三人でやるのではなく、三人を分けてそれぞれがやってみたり、再び三人に戻して絶対のチームとしてやらせたりします。「大きくする」「小さくする」「接続・融合させる」「分断する」――この四つの作業を最初はしょっちゅうやらされます。それによって、三人でなければできないことは何かとか、三人いるけどとりあえずバラバラでやってみて、後で助ける方法ではどうなるかとか、全部試させます。いろいろな意味で分離と融合を繰り返し体験させて、学ばせるのです。

布施　秋山さんも誰か二人と組んで学習させられたことはあるのですか。

秋山　スペース・ピープル二人と私の三人でいろいろな作業をしたことがあります。その延長線上で最終的には、十二人プラス一人の長老会議のメンバーに入って宇宙船の母船を動かすというところまでやりました。それは想念をクリアにしなければならないので、地球人には結構きつい大変な作業です。

ですから当然、母船を操縦する前には、四〇メートルくらいの司令機を三人で動かす訓練を受けます。一人乗りでも大変なのですが、三人乗りのはかなり大変です。磁気柱を真ん中にして三人が外側を向いてそれぞれのスクリーンを見ます。席は離れていますから、横で同じスクリーンを見て操縦するのではないのです。それでも想念をコントロールさせて心の状態を調整します。すると、別々の三台のスクリーンの映像が完全に一致するのですね。その瞬間にビューンと動きます。

スクリーンの映像を一致させるためには、その旅の目的は何か、何をやり遂げたいかという気持ちを三人が完全に一致させなければならないのです。行く先で何を得ようとするのか、何を体験してワクワクしたいのか、という目的意識もしっかりと持たなければいけません。旅行計画をはっきりさせないとＵＦＯは動かないのです。

基本的には「喜び」のために出掛けます。ですから心からその場所に行きたいと思えばいいわけです。「喜ばない」方向へは想念を向けないことです。それをお互いのルールにします。非常に面白い体験でした。

布施　すると、三人で操縦する前には共通の目的意識を持てるようにいつも相談するわけですか。

秋山　そうですね。テレパシーで交流します。会って話し合ってもいいのですが、いずれにしてもお互いに交流して意識のバランスをとっていきます。

布施　大きい母船は一人では操縦できないのですか。

秋山　できません。母船を動かすには、それなりの人数が必要なようです。

異種間宇宙人交流の驚くべき実態

布施　大きいＵＦＯを操縦する単位が三人というのは面白いですね。しかも学校ではペル、エル、ゲルという三種類の宇宙人（スペース・ピープル）が一緒に学んでいるわけです。

秋山　エルには男女というジェンダーの問題があります。ペルであるグレイは生き死にという問題をかなり超越していて「死」の概念が希薄です。彼らはクローンで生まれますから、以前の記憶を持ちながら再び生まれることができるからです。

ゲルは元々、まったく空間論が違います。ある丘の上にじっと座っていながらにして、宇宙全体を同時に理解しているという状態に近いです。把握できる意識の空間が違うのです。

空間を認識する容量が滅茶苦茶広いです。ですからゲルは、空間との連動感がすごくて、同じ場所に何年も座っていられるのです。

布施 それはすごい！　まるで岩みたいですね。

秋山 まさにそうなのです。岩の意識に近いです。

布施 ちょっと居眠りから覚めたら、五千年くらい経っていたとか……。

秋山 いや、本当にそうなのです。我々から見ると、そのくらいの感じです。ですからゲルは自分の内面で宇宙旅行ができてしまうのです。その迫力たるや、まさにこの世のものではありません。

でも、ここで考えてみてください。この三様のスペース・ピープルが同じ学校で勉強しているわけです。その段階で既に、地球教育などはどこか遠くへぶっ飛んでしまうような話です。

布施 教育水準が根本的に違いますね。

秋山 簡単に表現すると、石（ゲル）と集団アメーバ（ペル）と男女（エル）が一緒になって学んでいるのです。お互いに「何だろう、この違う生き物って」と思うはずです。

布施 これだけ違うと、学ぶことも多いのでしょうね。

秋山 まさにそうなのです。お互いに学ぶことは多いのです。おそらくお互いに、カルチャーショックは大きいはずです。子供たちはそこを経験するわけです。それは我々が思春期に、男性に恋する、女性に恋するということが始まる、一種のカルチャーショックのようなものです。彼らは宇宙の生命のカルチャーショックとして学校でそれを体験して学ぶわけです。
でも実は、集団でより結合することに一番恐れを持っているのは、地球人を含むヒューマノイド系のエルなのです。

布施　おや、意外ですね。エルなのですか。ゲルかと思いました。

秋山　エルです。男女間でも恐れを持っているし、組織に対しても恐れを持っています。ですから地球の組織論はものすごく「嫌々」という感じがします。選挙で自分が選んで政治家を決めておいて、皆で政治に文句を言っています。こんなに矛盾している集団はありません。非常にいい加減です。
逆にペルは、「集団」は即「自分」です。大統領の気持ちを生まれたばかりの子供が既に理解できるのがペルです。

布施　生まれてすぐなのに、そんなことがもう理解できるのですか！

秋山　気持ちを理解するというよりも同じ生き物なのです、大統領と生まれたばかりの子は。「僕の一部があそこで大統領をやっている」と、生まれたばかりの子供は思うわけです。
肉体的にも成人への成長が十二時間くらいでできますから。手や足がにょきにょき生えていきます。それであっという間に成人です。

布施　そんなに早いのですか。想像を絶する世界です。記憶もちゃんと持っているのですか。

秋山　記憶も持っています。彼らは集団で記憶を共有しています。完全なるテレパシー連動社会です。

このペルと極端に反対側に進化しているのがゲルです。ゲルは集団から離脱することを覚えたスペース・ピープルです。かなり強烈な個人主義です。個人で宇宙が完結するように進化しました。

そう考えると、テペスアローではすごい凸凹があるわけです。それでもそれぞれが別の宇宙から学んでいるのがテペスアローです。

布施　エルには男女問題があるとのことでしたが、ゲルにも男女はありますよね。

秋山　あります。ありますけど、ゲルは千年に一度の恋しかしないような感じです。

布施　「スタートレック」シリーズのバルカン人にちょっと似ていますね。普段は論理的で感情を表に出しませんが、七年に一回だけ恋に狂ったりします。

秋山　それが千年に一度なのです。逆に言うと、非常にすぐれたテレパシーの把握能力があるわけです。

人類に託されたもう一つの可能性

布施 想像を絶するようなテペスアローの実態です。

秋山 テペスアローには、そのような三種類の宇宙人が集まるわけですから、ある意味壮大な実験でもあります。彼らはお互いに科学的な融合点を見つけて研究しているのです。

地球人にとって問題は、最近、ペルとかエルとかゲルの情報を私が言うようになってから、「僕はゲル系なんだよね」とか「僕はペル系だ」とか言い始めたことです。彼らはまったく理解していません。元々、そういう性質のものではないのです。実は、ペルとエルとゲルは完全に連動して存在しているのです。その連動の努力を今もし続けています。

地球人はどのような有益な宇宙人情報をもらったとしても、「分ける」とか「分類する」といったことばかりします。それもきちんと分けるのではなく、不平等に分けます。どちらかに加担したり、どちらかを排除したりします。不揃いに分けます。つまりそれは破壊することと同じです。

不平等に分けるということは、「向こうは敵でこちらは味方」「向こうは悪でこちらが善」とする愚かな分け方にほかなりません。

三つの異なるスペース・ピープルは連動しているのです。にもかかわらず、それを分けるのは完全な破壊行為です。

布施　いったいいつになったら地球人は破壊をやめて、〝宇宙人〟になれるのでしょうか。

秋山　まあ、地球人も四千年あれば、暇だから少しは進化するのではないかと思っています。二十世紀には一応、国連を作ったわけですから。とにかく集まって決めたいという思いは地球人にもあるのです。

布施　仮に地球人が四千年後には進化してスペース・ピープルのレベルに達したとします。すると、金星にある三つの塔の学校にはもう一つ塔が建つのでしょうか。それとも既に建っているエルの塔に未来の地球人は入るのでしょうか。

秋山　面白いポイントです。実はもう一つ塔が建つ可能性があるのです。四つ目の塔が。これはエルの大実験でもあります。三棟からなる教育機関、つまりペルとエルとゲルの連動体の外側にも、それを超える塔が建つ可能性があるかもしれないのです。我々はその「外の可能性」の一粒の種なのです。

ある意味、ペルとゲルとも連動しないで、エルだけが洗練されていく流れがあるかもしれないわけです。その可能性だってあるのです。それは我々がどのような宇宙を自ら創造するかに掛かっています。

エピローグ　古いノートに記されていた「第三宇宙への道」

二〇一七年九月二十六日、秋山眞人氏の都内の事務所を訪れたところ、「もうなくなったのかと思っていたのですが、今日たまたま資料を整理していたら、昔のノートが見つかりました」と言って、秋山氏がコクヨのノート三冊分をクリアファイルした資料を見せてくれた。

それらのノートのページを繰っていくと、驚いたことに、そこには秋山氏が十七歳から二十五歳までの間に経験した宇宙人（スペース・ピープル）との交信・交流記録が記されていたのだ。しかも、微に入り細にわたるイラスト付きで克明に記録されていた。

247ページのコラム「善悪のカルマと無限リボンの罠」もその一部である。このたび見つかった秋山氏のノートとその内容の解説、そして秋山氏のスペース・ピープルとの交信の全記録は別の本で紹介する。

ここではそのごく一部の触りだけを引用させてもらうが、たとえば一九八〇年七月十六日午後十一時五十四分から始まった交信で受け取ったスペース・ピープルからのメッセージに

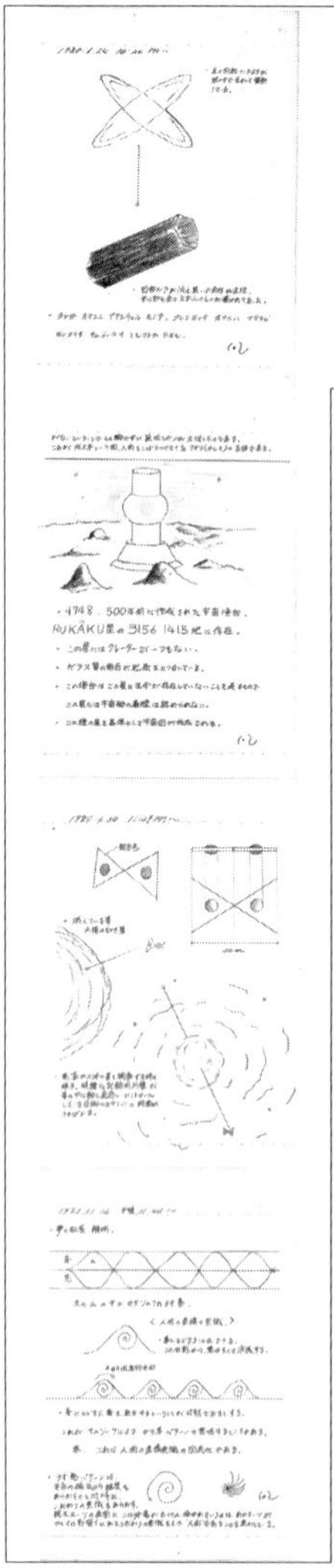

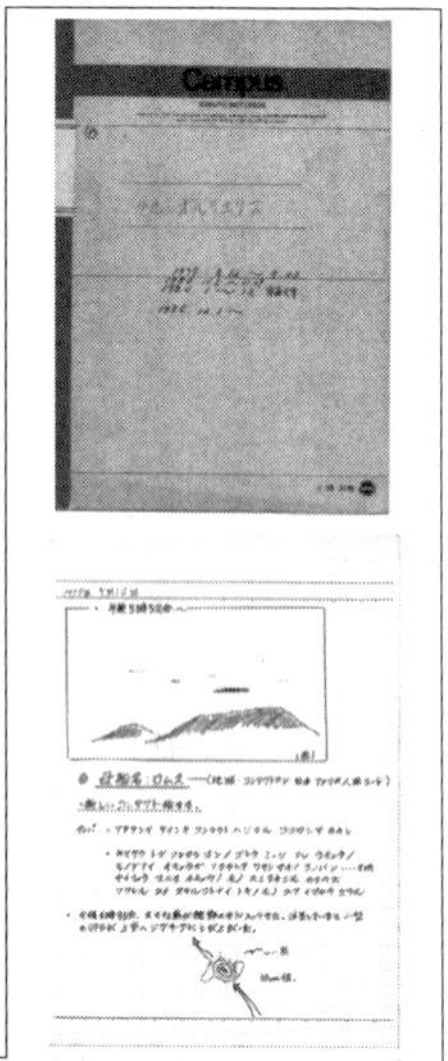

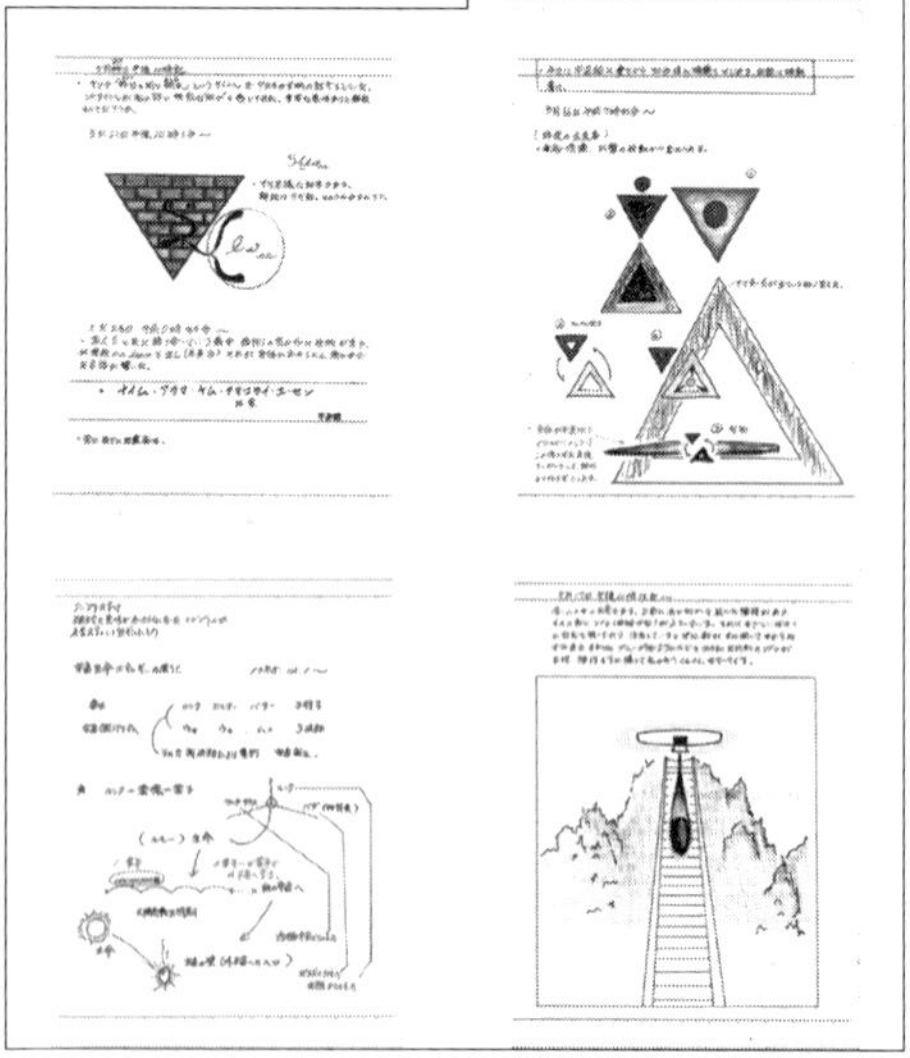

写真15　秋山氏の３冊のノートとその中身を一部だけ紹介する。

は次のようなことが書かれている。

私たちの宇宙船が最初に日本を訪れた時のことです。その時の人々は、ほとんどが地球来訪も初めてという、地球係としてはまだ若い者たちでした。彼らが、その第一歩を踏み出したのは、北海道のある地点でしたが、その山々の雄大さ、美しさを見た時、もしかしたら故郷に帰ってきたのではと思ったほどであったといいます。

しかし、彼らの研ぎ澄まされた感覚は、その山々に住む一ミリにも満たない生物までが発している「戦いの想念」をキャッチしました。そしてその根源が、生命同士の無理解から来る恐怖心であることにも気がついたのです。バベルの塔の伝説にある「言葉を失った人々」、つまりお互いに理解し合うことを忘れた者たちが、その大自然の美の裏側で蠢《うごめ》いていました。

表ばかりを飾ろうとする、そして物質面ばかりを飾ろうとする、地球生命の意識は、確かに強大なものだったのでしょう。この、あまりにも美しい星・地球の姿を今日まで残してきたのですから。しかし、それは中身のない薄っぺらなもので、次第に崩れてしまうことを、若き宇宙人たちは痛切に感じ取ったのでした。

「警告、警告！」――まずはそこからでした。私たちの仲間は、多くの人々に地球の真の状態、日本の真の状態を伝えてまわったのです。しかし人々はその行為を興味の対象として、自分たちの今のすさんだ心を諫めるロマンと夢を作り上げる道具にし、ある者などは宗教に結び付けてしまいました。今一時の救いのために、地球人は宇宙人の主張を都合のいいように捻じ曲げてしまったわけです。

アイ・ラ・エネヤ・ムア・ルオン・カイラ・カムイ・アセー・ヤ・ソル

地球人よ、お互いを理解したまえ。そうすることによって初めて、我々が理解できる。

もう三十七年以上前のメッセージだが、地球人はいまだにスペース・ピープルの警告を理解しているようには思えない。お互いを理解しようとせずに選別と排除、非難と攻撃をやめようとしない人間は、おそらく「山々に住む一ミリの生物」よりも質《たち》が悪いのではないだろうか。それは、私を含めたすべての人間に対するスペース・ピープルからの真摯な訴えでもある。

また同年（一九八〇年）十月十三日のメッセージには次のようなものがある。

宇宙人の姿は永遠の姿なのです。その「姿」というものを別の言葉に置き換えた場合、それを霊とか魂とか表現するのは正確ではありません。これらの言葉は長い間の習慣によって、人間に対してごく限定されたものとしての印象を与えてしまうからなのです。宇宙は無限です。それが宇宙の姿なのです。そしてそれと同質なのは「自己」なのです。「神はその姿に似せて人間を創った」と言われますが、ここでいう「神」は宇宙そのものなのです。

宇宙に人格を当てるかどうかはあなた方の自由ですが、ここで神を人格化して考えるあなた方の習慣をひとまず拭い去ることができるとしたら、あなたは宇宙という大法則・大自然が、あなた方の自己と同じであるという見方ができるかもしれません。

宇宙＝人（自己）。この観念を持ちえた者は「宇宙人」なのです。宇宙人という言葉に我々がどんな意味を込めて語りかけていたか、あなた方にも少しは理解していただけるでしょうか。

しかし、スペース・ピープルは同時に、自分たちに対する過度な期待や羨望《せんぼう》、依存に対しても警鐘を鳴らしている。同年七月十四日のメッセージには次のようなものがある。

宇宙文明に関してあなた方は、主にあなた方の文明を基準にして、それより優れたもの、つまり地球文明において現時点で問題となっている公害やエネルギー問題や人口増加などをすべて解決してしまった、不安のない文明であると想像してしまっている。しかしそれはまったく間違っていることなのだ。

公害に苦しむことのない、不安のない文明世界を、進化した宇宙人のものとし、自分たちの世界もそれに近づけようと努力するという行為は、向上心から出ている素晴らしいものだと言うことはできるかもしれない。しかし、あなた方の今の文明を基準とした理想文明像は、あなた方の未来に置くべきであり、私たちの文明を想像し、それを自分たちの理想像にダブらせたところで、あなた方にとっては何のプラスにもならない。

「あなた方の理想はあなた方の未来に置くべきなのだ」

この言葉は、今の地球人の意識を感じ取った、我々の仲間の一人が最初に叫んだ言葉である。

このように、秋山氏がスペース・ピープルから受け取った初期のメッセージに、地球人が歩むべき方向が既に明示されているのである。こうしたメッセージはどれも、私にとっても耳が痛い言葉である。しかしながらスペース・ピープルの言葉は、まずそのことにすぐに気づけ、そして気づいたら常に修正しろと言っているように響く。そうすれば自分の中の一〇パーセントの悪しき想念が良い想念に変わり、自分の中の「一〇パーセントのエスパー」が自分自身を劇的に変えるのだ、と。秋山氏が言うように、Lシフトを成し遂げられるかどうかは、自分自身との〝戦い〟にかかっているのだ。

同時にスペース・ピープルは、彼らが築いた文明やその生き様は、彼らの進化の方向であって、必ずしも地球人の進化の方向と同じではないのだとも諭《さと》している。「猿真似」ではいけないのである。自ら新しい宇宙を創造しなければならないのだ。

それゆえに、この本で秋山氏が語ったテペスアローの実態は、私にとっても衝撃的な内容であった。まったく異なる文明や社会構造を築いた三種類のスペース・ピープルの子供たちが集まって、異なる意見や文化を排除するのではなく、むしろ異なるものを取り入れて理解しながら、なおも向上を図ろうとしているからだ。

地球人は自らの未来宇宙をどのように創造するのか。七色の虹が架かる空の彼方にそびえる「テペスアロー」に、「第四の塔」が建つのはいつの日のことであろうか。

あとがき　「第三宇宙の住人」になるために――秋山眞人氏からの助言

人類の歴史を見ると、ルネサンスとか産業革命とか、世の中が大きくシフトすることはよくありました。ジョージ・ハント・ウィリアムソン（聖職者・考古学者）は、「Ｌ」という字はアルファベッドが成立する以前から存在していたと主張しています。彼は「Ｌ」は、横の次元から縦の次元に軸が九〇度移動することを意味し、その象徴が「Ｌｉｏｎ（ライオン）」だというのです。エジプトのスフィンクスも、横から見れば「Ｌ」の形をしています。

私はアセンションという言い方は好きではなくて、「総変化」とか「Ｌシフト」と呼んでいます。本文でも書きましたが二〇一一～一二年のアセンション騒ぎは、主に海外のニューエイジ運動が発端でした。かつ、この世がこの世の形のまま〝次元上昇〟すると言われて、それを鵜呑みにして右往左往したのが前回のアセンション騒動でした。

しかしよく考えると、「次元上昇」という言葉ほど不確かで意味不明の言葉もありません。でもその言葉に納得してしまって、「要するにこの世の中の閉塞感が変わるのでしょう」と多くの人は思い込み、過剰依存してしまったというのが実情です。

当時はもう、家財を売り払ってフランス南部の山村ビュガラッシュ村に押しかけるとか、南米のマチュピチュやアメリカのセドナに集結するとか、トンチンカンなバカ騒ぎをする人たちが山のようにパワースポットに押しかけて、ゴミだらけにして帰っていったわけです。それによって精神世界の信用は失墜したのです。どのようにも解釈ができる「ノストラダムスの予言」や、日本の沈没を予言した「エドガー・ケイシーの予言」の二の舞となりました。だからスペース・ピープルが明かした今回のアセンション「Lシフト」も、多くの人たちは「狼少年の空騒ぎ・嘘騒ぎ」くらいにしか思わないかもしれません。しかしながら、事前に未来がわかるということはあるのです。スペース・ピープルにはわかっているはずです。

未来がわかるということには重要な意味が必ずあるのです。未来の情報は多分に象徴的に示されます。それはたとえ話だったり、神話だったり、啓示的だったり、シンボルだったりします。いずれの場合も、事前に当てないと意味がありません。しかも当てる内容が人類にとって重要な意味がなければいけません。

よく地震を予知したという人がいますが、その人の予言を調べると、しょっちゅう地震の予言をしていて、「数撃てば当たる」的なパターンが多いです。これでは当たったことにはならないし、実際に予言したことによって避難した人もいないのであれば、意味があったとも言えません。

能力者の信用度合も考慮する必要があります。その人が地震を予言したから避難する人もいれば、逆にその人が地震を予言したから避難しないという人も出てくるからです。その能力者の信用がないがために、その場に留まり逆に地震の被害に遭う人がいたら、これも意味がありません。それなのに「地震が当たった」と騒ぐのは愚かなことです。

しかしながら、スペース・ピープルは基本的にそのようないい加減な予言をしません。良い結果につながる予言をします。でもこちら側も、その予言の意味を正確に汲《く》み取らなければいけません。前回のアセンション騒ぎは、その「汲み取り」ができていませんでした。

既に始まって、これからドンドン進んでいくLシフトは、緩やかに続くかもしれません。でも、そこで大事なのは、こういう精神的な問題を自分のこととして、自分が幸せになるために正しく理解しようとしない人は、ドンドン人間的に壊れていってしまうということです。下手をすると、ドンドン悪くなっていく可能性もあります。人に依存したり迷惑をかけたりしなければ生きられないようになってしまいます。そのような人が増えて、社会の一大勢力として存在するようになれば、責任を他者に押し付けて、良い悪い関係なく自分の権利だけは主張し、他人に嫉妬するという社会になります。

「既にそうなっているな」と思った人は、どこかで優しい欠片《かけら》を持っているからです。人から責められたりして傷ついた人は、そういう思いがあるはずです。そういう優しい人は「傷ついた」ということをなかなか人に言えないという傾向があります。つまり優しい人にとってはものすごく負荷が大きいのが、今の社会なのです。

スペース・ピープルは、この「みんなともっと仲良く生きていきたい」という「優しい人たち」を、明確に生徒として、より深い愛情で見守ろうとしているのです。ですから、Lシフトでは、スペース・ピープルはこの人たちのパワーを強めようとするはずです。

残念ながら、優しい人に得てして欠けている能力というのは、「強さ」なのです。その優しさをどういう風に表現したら世の中に伝えられるかという「熱意」も弱いです。この熱意と強さを、優しい人に対して浸透させていくという大きな流れもあるはずです。宇宙的なダイナミズムだとか、冒険心だとか、好奇心だとか、そもそも優しい人も持っているそうした力を強くするような現象が起きるはずです。

逆に言うと現代は、優しい人がそのようにヒーリングされないかぎり、優しい人ほど苛立ってしまう時代でもあるのです。優しい人に一方的に負荷がかかっている時代なのです。「この人は優しいから、全部残業をやってもらおう」とか、「断らないから、お金を借りよう」とか、そのように理不尽なことが起こりやすいわけです。それだけは避けなければいけません。

ですからスペース・ピープルたちはまず、優しい人の力を強めたいと思っているのです。優しい人の強さや熱意や好奇心を促すのが今回のLシフトの目的でもあります。これにより、本来なら家に引きこもっている優しい人たち、オタクとも呼ばれる人たちも外に出てくるようになるはずです。既に秋葉原的なオタク文化が確立し始めています。これもＬシフトの一部なのです。Ｌシフトが本格的になり始めた二〇一五年に前後するように、オタク文化も実質的な成長を遂げています。

人間の心と最も遠いところにあった経済も、人の思いが実質的に株価を動かす時代になってきていると思います。大企業が大衆の思いに勝てないというケースが増えてきているのです。だからこそ、非常に権力的な、経済に精通した人たちは、マスメディアを巧妙に操り、本当にわかりにくく正々堂々とメディアをコントロールして、〝最後の悪あがき〟を仕掛けているのです。

一番いい方法は、それぞれがより力強く宇宙的真理を探究して、人をより喜ばせる方向へと力を発揮していくことに尽きます。それを長く続けた人が、自分から世界を変えることができる、すなわち宇宙を創造することができる「第三宇宙の住人」になれるのです。

既に多くの人たちがそのような道を選んでいます。この本がその一助になればと心から願っています。

二〇一八年六月七日

秋山眞人

主要参考文献

秋山眞人『超能力と人体の不思議関係』雄鶏社、一九九五年
秋山眞人『私は宇宙人と出会った』ごま書房、一九九七年
秋山眞人・坂本貢一『秋山眞人の優しい宇宙人』求龍堂、二〇〇〇年
秋山眞人『願望実現のための「シンボル」超活用法』ヒカルランド、二〇一二年
秋山眞人、布施泰和、竹内睦泰『正統竹内文書の日本史「超」アンダーグラウンド③』ヒカルランド、二〇一二年
秋山眞人、布施泰和『不思議だけど人生の役に立つ神霊界と異星人のスピリチュアルな真相』成甲書房、二〇一三年
秋山眞人、布施泰和『楽しめば楽しむほどお金は引き寄せられる』コスモ21、二〇一四年
秋山眞人、布施泰和『シンクロニシティ「意味ある偶然」のパワー』成甲書房、二〇一七年
アレックス・タナウス（今村光一訳）『超能力大全』徳間書房、一九八六年
カール・G・ユング（訳・松代洋一）『空飛ぶ円盤』ちくま学芸文庫、一九九三年
久保田八郎『UFO・遭遇と真実　日本編』中央アート出版社、一九九二年
久保田八郎『UFOと異星人の真相』中央アート出版社、一九九五年
スティーヴン・グリア（前田樹子訳）『UFOテクノロジー隠蔽工作』めるくまーる、二〇〇八年
スティーブン・M・グリア（廣瀬保雄訳）『ディスクロージャー』ナチュラルスピリット、二〇一七年
日本GAP機関誌『UFO Contactee 93〜98号』一九八六〜一九八七年
日本サイ科学会機関誌『サイジャーナル123〜128号』一九八六年

布施泰和『不思議な世界の歩き方』成甲書房、二〇〇五年
布施泰和『異次元ワールドとの遭遇』成甲書房、二〇一〇年
布施泰和『「竹内文書」の謎を解く2――古代日本の王たちの秘密』成甲書房、二〇一一年
ミチオ・カク（訳・斉藤隆央）『パラレルワールド』ＮＨＫ出版、二〇〇六年

Greer, Steven, "*Extraterrestrial Contact*", Crossing Point, Inc., 1999
Greer, Steven, "*Disclosure*", Crossing Point, Inc., 2001
Greer, Steven, "*Unacknowledged*", A&M Publishing, 2017
Jung, Carl G, "*Man and His Symbols*", Dell Publishing, 1968
Jung, Carl G, "*Synchronicity*", Princeton University Press, 2011
Peat, F. David, "*Synchronicity*", Bantam Books, 1988

著者プロフィール

秋山眞人（あきやま・まこと）

1960年、静岡県に生まれる。国際気能法研究所代表。精神世界、スピリチュアル、能力の分野で研究、執筆をする。世界および日本の神話・占術・伝承・風水などにも精通している。これらの関連著作は60冊以上。2001年スティーブン・スピルバーグの財団「スターライト・チルドレンズ・ファンデーション」で多くの著名人と絵画展に参加、画家としても活躍している。映画評論、アニメ原作、教育システムアドバイザーとマルチコンサルタントとしてITから飲食業界まで、様々な分野で実績を残している。コンサルタントや実験協力でかかわった企業は、サムソン、ソニー、日産、ホンダなどの大手企業から警察、FBIに至るまで幅広い。
現在、公開企業イマジニア株式会社顧問他、70数社のコンサルタントを行う。大正大学大学院博士課程前期終了（修士）。他にも米国の二つの大学より名誉学位が与えられ、国の内外で客員教授の経験もある。中国タイ国際太極拳気功研究会永遠名誉会長、世界孔子協会（会長・稲盛和夫氏）より、孔子超能力賞受賞。

オフィシャルサイト
http://makiyama.jp/
YouTube「Makoto Akiyama」
https://www.youtube.com/channelUCNn3nCh7Dddf1yDg17xosjg/

布施泰和（ふせ・やすかず）

1958年、東京に生まれる。英国ケント大学で英・仏文学を学び、1982年に国際基督教大学教養学部（仏文学専攻）を卒業。同年共同通信社に入り、富山支局在任中の1984年、「日本のピラミッド」の存在をスクープ、巨石ブームの火付け役となる。その後、金融証券部、経済部などを経て1996年に退社して渡米。ハーバード大学ケネディ行政大学院とジョンズ・ホプキンズ大学高等国際問題研究大学院（SAIS）に学び、行政学修士号と国際公共政策学修士号をそれぞれ取得。帰国後は専門の国際政治・経済だけでなく、古代文明や精神世界など多方面の研究・取材活動を続けている。
『竹内文書と平安京の謎』『「竹内文書」の謎を解く』『「竹内文書」の謎を解く②——古代日本の王たちの秘密』『不思議な世界の歩き方』（以上、成甲書房）、『誰も知らない世界の御親国日本』（ヒカルランド）など著書多数。秋山氏との共著では『シンクロニシティ「意味ある偶然」のパワー』『神霊界と異星人のスピリチュアルな真相』『あなたの自宅をパワースポットにする方法』（以上、成甲書房）、『楽しめば楽しむほどお金は引き寄せられる』（コスモ21）などがある。

ブログ「天の王朝」：http://plaza.rakuten.co.jp/yfuse/
http://tennoocho.blog.fc2.com/

Lシフト

スペース・ピープルの全真相

●

2018年8月8日　初版発行
2018年12月6日　第2刷発行

著者／秋山眞人・布施泰和

装幀／吉原敏文
本文写真／布施泰和・秋山眞人
本文イラスト／青木宣人
編集／高橋聖貴
デザイン・DTP／山中 央

発行者／今井博揮
発行所／株式会社ナチュラルスピリット
〒101-0051 東京都千代田区神田神保町3-2　高橋ビル2階
TEL 03-6450-5938　FAX 03-6450-5978
E-mail　info@naturalspirit.co.jp
ホームページ　http://www.naturalspirit.co.jp/
印刷所／モリモト印刷株式会社

ISBN978-4-86451-275-6　C0011